新工科建设·人工智能与智能科学系列

智能优化算法及其 MATLAB 实现

陈克伟　范　旭　主编

电子工业出版社
Publishing House of Electronics Industry
北京·BEIJING

内 容 简 介

智能优化算法作为人工智能的最为活跃的研究方向之一，已经在学术界、工业界得到了广泛的应用和实践。本书按照智能优化算法的基本原理、代码实现、应用案例、性能测试等逻辑脉络由浅至深地讲解，使读者能够迅速地入门并掌握智能优化算法及其 MATLAB 代码实现的相关技巧，为在后续的学术研究和工程实践中加以应用。全书共分为 12 章，第 1 章～第 10 章分别介绍 10 种智能优化算法的基本原理、MATLAB 代码实现、应用案例实现及分析；第 11 章、第 12 章介绍智能优化算法的性能测试。

本书结构清晰、内容丰富、取材新颖，可作为广大高校本科生、研究生和教师的学习用书，也可作为广大科研人员、学者、工程技术人员的参考用书。

未经许可，不得以任何方式复制或抄袭本书之部分或全部内容。

版权所有，侵权必究。

图书在版编目（CIP）数据

智能优化算法及其 MATLAB 实现 / 陈克伟，范旭主编. — 北京：电子工业出版社，2021.12
ISBN 978-7-121-42762-6

Ⅰ. ①智… Ⅱ. ①陈… ②范… Ⅲ. ①计算机算法－最优化算法－Matlab 软件－高等学校－教材 Ⅳ.①TP301.6

中国版本图书馆 CIP 数据核字（2022）第 014810 号

责任编辑：孟　宇
印　　刷：北京七彩京通数码快印有限公司
装　　订：北京七彩京通数码快印有限公司
出版发行：电子工业出版社
　　　　　北京市海淀区万寿路 173 信箱　　　邮编：100036
开　　本：787×1092　1/16　　印张：13.5　　字数：345.6 千字
版　　次：2021 年 12 月第 1 版
印　　次：2025 年 1 月第 5 次印刷
定　　价：59.80 元

凡所购买电子工业出版社图书有缺损问题，请向购买书店调换。若书店售缺，请与本社发行部联系，联系及邮购电话：(010)88254888，88258888。

质量投诉请发邮件至 zlts@phei.com.cn，盗版侵权举报请发邮件至 dbqq@phei.com.cn。

本书咨询联系方式：mengyu@phei.com.cn。

前　言

近年来，智能优化算法的飞速发展使得越来越多的本科生、研究生、教师、科研工作者及工程技术人员对其进行研究。在使用各种各样新奇、有趣的智能优化算法解决科研或工程问题时，常常会让人觉得智能优化算法的原理深奥、术语晦涩难懂、程序代码实现困难，更不知道采用什么样的标准来衡量不同算法的性能，进而选择合适的智能优化算法解决相应的实际问题。为此，针对上述问题，本书旨在按照智能优化算法的基本原理、代码实现、应用案例、性能测试等逻辑脉络由浅至深地讲解，使读者能够迅速地入门并掌握智能优化算法及其 MATLAB 代码实现的相关技巧，为在后续的学术研究和工程实践中加以应用。

本书分为两个部分，第一部分：智能优化算法及其 MATLAB 实现，具体包括 10 种智能优化算法（粒子群优化算法、蚁狮优化算法、果蝇优化算法、萤火虫优化算法、灰狼优化算法、正余弦优化算法、多元宇宙优化算法、引力搜索算法、树种优化算法、风驱动优化算法）原理讲述、MATLAB 实现、应用案例实现及分析；第二部分：智能优化算法性能测试，具体包括智能优化算法基准测试集简介和智能优化算法性能测试方法。

本书具有如下特点：

（1）对于智能优化算法原理及 MATLAB 代码的实现，本书阐述更加细致，便于读者理解算法原理和代码编写的意图和逻辑。

（2）本书的应用案例聚焦相同案例的 MATLAB 实现与分析，读者在学习和理解不同专业案例背景时往往需要花费很大的精力和时间，为此，本书使用相同案例，便于读者更加聚焦不同智能优化算法本身的理解、比较、掌握。

（3）本书介绍智能优化算法的性能测试方法，帮助读者分析不同算法的优缺点，从理性的视角选择更加合适的智能优化算法来解决相应的科研或工程问题。

为便于读者学习和参考，注册并登录华信教育网（https://www.hxedu.com.cn/）可以免费下载本书实例源代码。读者在本书的学习过程中，如果遇到疑难问题，可以发邮件到邮箱 ioa2021@163.com，编者会及时解答。

在本书编写过程中，除了引用智能优化算法的原始文献，还参考了国内外相关研究的文献及有价值的博士、硕士学位论文等，感谢被本书直接或间接引用文献资料的同行学者们！

本书的出版始终得到电子工业出版社的大力支持，在此表示由衷的感谢！

由于编著者水平有限，书中错误和疏漏之处在所难免，诚恳地期望得到各位专家和读者朋友们批评指正。

编　者

2021 年 9 月

目　　录

第1章　粒子群优化算法及其 MATLAB 实现

1.1　粒子群优化算法的基本原理

粒子群优化（Particle Swarm Optimization，PSO）算法是 1995 年由美国学者 Kennedy 等人提出的，该算法是模拟鸟类觅食等群体智能行为的智能优化算法。在自然界中，鸟群在觅食的时候，一般存在个体和群体协同的行为。有时鸟群分散觅食，有时鸟群也全体觅食。在每次觅食的过程中，都会存在一些搜索能力强的鸟，这些搜索能力强的鸟，会给其他鸟传递信息，带领其他鸟到食物源位置。

在粒子群优化算法中，目标空间中的每个解都可以用一只鸟（粒子）表示，问题中的需求解就是鸟群所要寻找的食物源。在寻找最优解的过程中，每个粒子都存在个体行为和群体行为。每个粒子都会学习同伴的飞行经验和借鉴自己的飞行经验去寻找最优解。每个粒子都会向两个值学习，一个值是个体的历史最优值 p_{best}；另一个值是群体的历史最优值（全局最优值）g_{best}。粒子会根据这两个值来调整自身的速度和位置，而每个位置的优劣都是根据适应度值来确定的。适应度函数是优化的目标函数。

1.1.1　粒子和速度初始化

在一个 D 维的目标搜索空间中，由 N 个粒子组成一个粒子群，其中每个粒子都是一个 D 维向量，其空间位置可以表示为

$$x_i = \{x_{i1}, x_{i2}, \cdots, x_{iD}\}, \quad i = 1, 2, \cdots, N \tag{1.1}$$

粒子的空间位置是目标优化问题中的一个解，将其代入适应度函数可以计算出适应度值，根据适应度值的大小衡量粒子的优劣。

第 i 个粒子的飞行速度也是一个 D 维向量，记为

$$v_i = \{v_{i1}, v_{i2}, \cdots, v_{iD}\}, \quad i = 1, 2, \cdots, N \tag{1.2}$$

粒子的位置和速度均值都在给定的范围内随机生成。

1.1.2　个体历史最优值和全局最优值

第 i 个粒子经历过的具有最优适应度值的位置称为个体历史最优位置，记为

$$p_{\text{best}i} = \{p_{\text{best}i1}, p_{\text{best}i2}, \cdots, p_{\text{best}iD}\}, \quad i = 1, 2, \cdots, N \tag{1.3}$$

整个粒子群经历过的最优位置称为全局历史最优位置，记为

$$g_{\text{best}i} = \{g_{\text{best}1}, g_{\text{best}2}, \cdots, g_{\text{best}D}\}, \quad i = 1, 2, \cdots, N \tag{1.4}$$

1.1.3 粒子群的速度和位置更新

粒子群的位置更新操作可用速度更新和位置更新表示。

速度更新为

$$v_{ij}(t+1) = v_{ij}(t) + c_1 r_1 (p_{\text{best}ij}(t) - x_{ij}(t)) + c_2 r_2 (g_{\text{best}j} - x_{ij}(t)) \tag{1.5}$$

位置更新为

$$x_{ij}(t+1) = x_{ij}(t) + v_{ij}(t+1) \tag{1.6}$$

其中，下标 j 表示粒子的第 j 维，下标 i 表示第 i 个粒子，t 表示当前迭代次数，c_1 与 c_2 均为加速常量，通常在区间(0,2)内取值，r_1 与 r_2 为两个相互独立的取值范围在[0,1]的随机数。从上述方程可以看出，c_1 与 c_2 将粒子向个体学习和向群体学习联合起来，使得粒子能够借鉴个体自身的搜索经验和群体的搜索经验。

图 1.1 是用粒子群优化算法求解优化问题的示意图，搜索空间是二维，全局最优解在点 best 处，第 i 个粒子从位置 1 更新到了位置 2。其中，v_1 是全局历史最优解引起的第 i 个粒子的速度，v_2 是第 i 个粒子历史最优解引起的第 i 个粒子的速度，v_3 是第 i 个粒子原来具有的速度。粒子最终的速度由 v_1, v_2, v_3 共同决定，使得粒子到达新的位置。接下来，以同样的方式继续更新粒子的速度和位置，粒子会逐渐接近点 best 处的全局最优解。

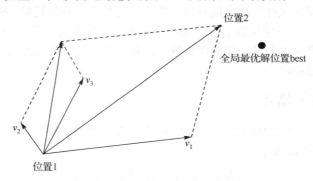

图 1.1　用粒子群优化算法求解优化问题的示意图

1.1.4 粒子群优化算法流程

粒子群优化算法的流程如下：

步骤 1：初始化粒子群参数 c_1 与 c_2，设置位置边界范围与速度边界范围，初始化粒子群种群，初始化粒子群速度。

步骤 2：根据适应度函数计算适应度值，记录历史最优值 p_{best} 与全局最优值 g_{best}。

步骤 3：利用速度更新公式(1.5)对粒子群的速度进行更新，并对越界的速度进行约束。

步骤 4：利用位置更新公式(1.6)对粒子群的位置进行更新，并对越界的位置进行约束。

步骤 5：根据适应度函数计算适应度值。

步骤 6：对于每个粒子，将其适应度值与它的历史最优适应度值相比较，若更好，则将其作为历史最优值 p_{best}。

步骤 7：对于每个粒子，比较其适应度值和群体所经历的最优位置的适应度值，若更好，则将其作为全局最优值 g_{best}。

步骤 8：判断是否达到结束条件（达到最大迭代次数），若达到，则输出最优位置，否则重复步骤 3~8。

粒子群优化算法流程图如图 1.2 所示：

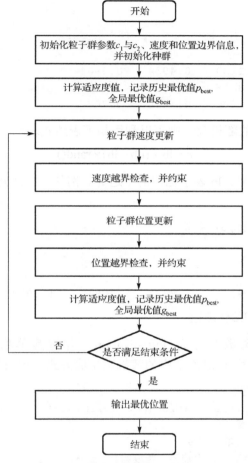

图 1.2　粒子群优化算法流程图

1.2　粒子群优化算法的 MATLAB 实现

1.2.1　种群初始化

1.2.1.1　MATLAB 相关函数

函数 rand()是 MATLAB 自带的随机数生成函数，会生成区间[0,1]内的随机数。

```
>> rand()
```

```
ans =

    0.5640
```

若要一次性生成多个随机数，则可以这样使用函数 rand(row,col)，其中 row 与 col 分别代表行和列，如 rand(3,4)表示生成 3 行 4 列的范围在[0,1]之间的随机数。

```
>> rand(3,4)

ans =

    0.1661    0.1130    0.4934    0.0904
    0.2506    0.8576    0.7964    0.4675
    0.2860    0.2406    0.5535    0.7057
```

若要生成指定范围内的随机数，则可以利用如下表达式表示

$$r = \text{lb} + (\text{ub} - \text{lb}) \times \text{rand}()$$

其中，ub 表示范围的上边界，lb 表示范围的下边界。例如，在区间[0,4]内生成以下 5 个随机数，相关代码如下：

```
>> (4-0).*rand(1,5) + 0

ans =

    0.1692    2.9335    1.8031    2.0817    1.6938
```

1.2.1.2 编写粒子群初始化函数

定义粒子群初始化函数名称为 initialization，并将其单独编写成一个函数存放在 initialization.m 文件中。利用 1.2.1.1 节中的随机数生成方式，生成初始种群。

```
%% 粒子群初始化函数
function X = initialization(pop,ub,lb,dim)
    %pop为种群数量
    %dim为每个粒子群的维度
    %ub为每个维度的变量上边界，维度为[1,dim]
    %lb为每个维度的变量下边界，维度为[1,dim]
    %X为输出的种群，维度为[pop,dim]
    for i = 1:pop
        for j = 1:dim
            X(i,j) = (ub(j) - lb(j))*rand() + lb(j);   %生成区间[lb,ub]内的随机数
        end
    end
end
```

举例：设定种群数量为 10，每个粒子群维度均为 5，每个维度的边界均为[-5,5]，利用粒子群初始化函数初始化种群。

```
>> pop = 10;
dim = 5;
```

```
ub = [5,5,5,5,5];
lb = [-5,-5,-5,-5,-5];
X = initialization(pop,ub,lb,dim)
X =

    4.0128   -4.1002    2.2631    0.3289   -3.5791
   -4.0030   -1.2295   -2.8867   -4.7501   -2.3254
    2.9829   -1.4263    2.9411   -3.0492   -3.6387
    1.3984   -1.3664    2.9571    0.0372   -2.8473
    0.8161   -0.8394    1.6395    2.3809    3.3831
   -0.5585    0.9041    2.4232   -0.1881   -4.5387
    3.3292   -2.0766   -1.9047   -2.3631    4.8229
    2.8580   -0.6887    4.4058    0.4283   -0.1423
   -0.2458   -0.3057   -4.3353   -1.4527   -3.6862
    2.5432    0.9329    2.0006   -2.4433    4.3412
```

1.2.2 适应度函数

适应度函数是优化问题的目标函数，根据不同应用设计相应的适应度函数。我们可以将自己设计的适应度函数单独写成一个函数，方便优化算法调用。一般将适应度函数命名为 fun()，这里我们定义一个适应度函数并存放在 fun.m 文件中，这里适应度函数定义如下：

```
%% 适应度函数
function fitness = fun(x)
    %x 为输入一个粒子，维度为[1,dim]
    %fitness 为输出的适应度值
        fitness = sum(x.^2);
end
```

这里我们的适应度值就是 x 所有值的平方和，如 $x = [1,2]$，那么经过适应度函数计算后得到的值为 5。

```
>> x = [1,2];
fitness = fun(x)

fitness =

    5
```

1.2.3 边界检查和约束函数

边界检查的作用是防止变量超过规定的范围，一般当变量大于上边界时，直接将其置为上边界；当变量小于下边界时，直接将其置为下边界。逻辑如下：

$$val = \begin{cases} ub, & val > ub \\ lb, & val < lb \end{cases}$$

定义边界检查函数为 BoundaryCheck()，并将其保存为 BoundaryCheck.m 文件。

```
%% 边界检查函数
function [X] = BoundaryCheck(x,ub,lb,dim)
```

```
%dim 为数据维度的大小
%x 为输入数据，维度为[1,dim]
%ub 为数据上边界，维度为[1,dim]
%lb 为数据下边界，维度为[1,dim]
for i = 1:dim
    if x(i) > ub(i)
        x(i) = ub(i);
    end
    if x(i) < lb(i)
        x(i) = lb(i);
    end
end
    X = x;
end
```

举例：例如，$x = [1,-2,3,-4]$，定义上边界为$[1,1,1,1]$，下边界为$[-1,-1,-1,-1]$。于是经过边界检查和约束后，X 应为$[1,-1,1,-1]$。

```
>> dim = 4;
x = [1,-2,3,-4];
ub = [1,1,1,1];
lb = [-1,-1,-1,-1];
X = BoundaryCheck(x,ub,lb,dim)

X =

    1    -1    1    -1
```

1.2.4 粒子群优化算法代码

由 1.1 节粒子群优化算法的基本原理可知，编写粒子群优化算法的全部代码，定义粒子群优化算法的函数名称为 pso，并将其保存为 pso.m 文件。

```
%%--------------粒子群优化函数--------------%%
%% 输入：
%  pop 为种群数量
%  dim 为单个粒子的维度
%  ub 为粒子的上边界，维度为[1,dim]
%  lb 为粒子的下边界，维度为[1,dim]
%  fobj 为适应度函数接口
%  vmax 为速度的上边界，维度为[1,dim]
%  vmin 为速度的下边界，维度为[1,dim]
%  maxIter 为算法的最大迭代次数，用于控制算法的停止
%% 输出：
%  Best_Pos 为粒子群找到的最优位置
%  Best_fitness 为最优位置对应的适应度值
%  IterCurve 用于记录每次迭代的最优适应度值，即后续用来绘制迭代曲线
function [Best_Pos,Best_fitness,IterCurve] = pso(pop,dim,ub,lb,fobj,vmax,
vmin,maxIter)
```

```matlab
%%设置参数 c1 与 c2
c1 = 2.0;
c2 = 2.0;
%% 初始化种群速度
V = initialization(pop,vmax,vmin,dim);
%% 初始化种群位置
X = initialization(pop,ub,lb,dim);

%% 计算适应度值
fitness = zeros(1,pop);
for i = 1:pop
    fitness(i) = fobj(X(i,:));
end
%% 将初始种群作为历史最优值
pBest = X;
pBestFitness = fitness;
%% 记录初始全局最优值，默认优化最小值
%寻找适应度最小的位置
[~,index] = min(fitness);
%记录适应度值和位置
gBestFitness = fitness(index);
gBest = X(index,:);

Xnew = X;                        %新位置
fitnessNew = fitness;            %新位置的适应度值

IterCurve = zeros(1,maxIter);
%% 开始迭代
for t = 1:maxIter
    %对每个粒子进行更新
    for i = 1:pop
        %速度更新
        r1 = rand(1,dim);
        r2 = rand(1,dim);
        V(i,:) = V(i,:) + c1.*r1.*(pBest(i,:) - X(i,:)) + c2.*r2.*(gBest - X(i,:));
        %速度边界检查及约束
        V(i,:) = BoundaryCheck(V(i,:),vmax,vmin,dim);
        %位置更新
        Xnew(i,:) = X(i,:) + V(i,:);
        %位置边界检查及约束
        Xnew(i,:) = BoundaryCheck(Xnew(i,:),ub,lb,dim);
        %计算新位置的适应度值
        fitnessNew(i) = fobj(Xnew(i,:));
        %更新历史最优值
        if fitnessNew(i) < pBestFitness(i)
            pBest(i,:) = Xnew(i,:);
```

```
            pBestFitness(i) = fitnessNew(i);
        end
        %更新全局最优值
        if fitnessNew(i)<gBestFitness
            gBestFitness = fitnessNew(i);
            gBest = Xnew(i,:);
        end
    end
    X = Xnew;
    fitness = fitnessNew;
    %% 记录当前迭代最优值和最优适应度值
    %记录最优解
    Best_Pos = gBest;
    %记录最优解的适应度值
    Best_fitness = gBestFitness;
    %记录当前迭代最优解的适应度值
    IterCurve(t) = gBestFitness;
    end
end
```

至此，粒子群优化算法的代码基本编写完成，所有涉及粒子群优化算法的子函数均包括如图 1.3 所示的.m 文件。

图 1.3　.m 文件

下一节将讲解如何使用上述粒子群优化算法来解决优化问题。

1.3　粒子群优化算法的应用案例

1.3.1　求解函数极值

问题描述：求解一组 x_1, x_2，使得下面函数的值最小。

$$f(x_1, x_2) = x_1^2 + x_2^2$$

其中，x_1 与 x_2 的取值范围分别为[-10,10]，[-10,10]。

首先，我们可以利用 MATLAB 绘图的方式来查看搜索空间是什么，然后绘制该函数的搜索曲面，结果如图 1.4 所示。

```
%% 绘制 f(x1,x2)的搜索曲面
x1 =-10:0.01:10;
x2 = -10:0.01:10;
for i= 1:size(x1,2)
    for j = 1:size(x2,2)
```

```
        X1(i,j) = x1(i);
        X2(i,j) = x2(j);
        f(i,j) = x1(i)^2 + x2(j)^2;
    end
end
surfc(X1,X2,f,'LineStyle','none'); %绘制搜索曲面
```

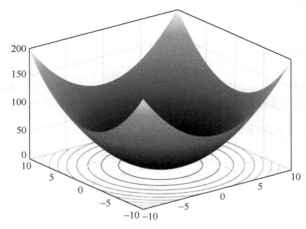

图 1.4 $f(x_1,x_2)$ 的搜索曲面

从函数表达式和搜索空间可知，该函数的最小值为 0，最优解为 $x_1 = 0$，$x_2 = 0$。利用粒子群优化算法对该问题进行求解，设置粒子群的种群数量 pop 为 50，最大迭代次数 maxIter 为 100，由于是求解 x_1 与 x_2，因此将粒子的维度 dim 设置为 2，粒子上边界 ub =[10,10]，粒子下边界 lb=[−10,−10]，速度上边界 v_{max} = [2,2]，速度下边界 v_{min} =[−2,−2]。根据问题设定如下适应度函数 fun.m。

```
%% 适应度函数
function fitness = fun(x)
    %x 为输入一个粒子，维度为[1,dim]
    %fitness 为输出的适应度值
        fitness = x(1)^2 + x(2)^2;
end
```

求解该问题的主函数 main.m 如下：

```
%% 利用粒子群优化算法求解 x1^2 + x2^2 的最小值
clc;clear all;close all;
%粒子群参数设定
pop = 50;                      %种群数量
dim = 2;                       %变量维度
ub = [10,10];                  %粒子的上边界信息
lb = [-10,-10];                %粒子的下边界信息
vmax = [2,2];                  %粒子的速度上边界
vmin = [-2,-2];                %粒子的速度下边界
maxIter = 100;                 %最大迭代次数
fobj = @(x) fun(x);            %设置适应度函数为 fun(x)
```

```
%利用粒子群优化算法求解问题
[Best_Pos,Best_fitness,IterCurve]=pso(pop,dim,ub,lb,fobj,vmax,vmin,
maxIter);
%绘制迭代曲线
figure
plot(IterCurve,'r-','linewidth',1.5);
grid on;%网格开
title('粒子群迭代曲线')
xlabel('迭代次数')
ylabel('适应度值')

disp(['求解得到的x1,x2为:',num2str(Best_Pos(1)),'  ',num2str(Best_Pos(2))]);
disp(['最优解对应的函数值为:',num2str(Best_fitness)]);
```

程序运行结果如图 1.5 所示。

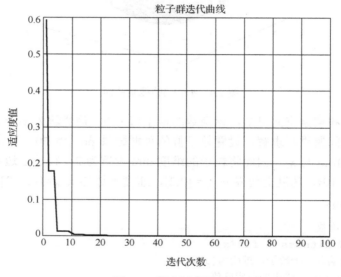

图 1.5　程序运行结果

输出结果如下：

```
求解得到的 x1，x2 为: -0.0044388   -0.0090971
最优解对应的函数值为: 0.00010246
```

从粒子群优化算法寻优的结果来看，使用粒子群优化算法得到的最终值(-0.0044388, 0.0090971)，非常接近理论最优值(0, 0)，表明粒子群优化算法具有寻优能力强的特点。

1.3.2　带约束问题求解：基于粒子群优化算法的压力容器设计

1.3.2.1　问题描述

压力容器设计问题的目标是使压力容器制作（配对、成型和焊接）成本最低，压力容器示意图如图 1.6 所示，压力容器的两端都由封盖封住，头部一端的封盖为半球状。L 是不考虑头部的圆柱体部分的截面长度，R 是圆柱体的内壁半径，T_s 和 T_h 分别表示圆柱体的壁厚和头部的壁厚，L、R、T_s 和 T_h 即为压力容器设计问题的 4 个优化变量。该问题的目标函数表示如下：

$$x = [x_1, x_2, x_3, x_4] = [T_s, T_h, R, L]$$

$$\min f(x) = 0.6224x_1x_3x_4 + 1.7781x_2x_3^2 + 3.1661x_1^2x_4 + 19.84x_1^2x_3$$

目标函数的约束条件表示如下：

$$g_1(x) = -x_1 + 0.0193x_3 \leqslant 0$$

$$g_2(x) = -x_2 + 0.00954x_3 \leqslant 0$$

$$g_3(x) = -\pi x_3^2 - 4\pi x_3^3 / 3 + 129600 \leqslant 0$$

$$g_4(x) = x_4 - 240 \leqslant 0$$

$$0 \leqslant x_1 \leqslant 100, \quad 0 \leqslant x_2 \leqslant 100, \quad 10 \leqslant x_3 \leqslant 100, \quad 10 \leqslant x_4 \leqslant 100$$

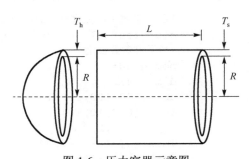

图 1.6 压力容器示意图

1.3.2.2 适应度函数设计

在该问题中，我们求解的问题是带约束条件的问题，其中约束条件为

$$0 \leqslant x_1 \leqslant 100, \quad 0 \leqslant x_2 \leqslant 100, \quad 10 \leqslant x_3 \leqslant 100, \quad 10 \leqslant x_4 \leqslant 100$$

通过粒子群寻优的边界对约束条件进行设置，即设置粒子 x 上边界为 ub=[100,100, 100,100]，粒子 x 下边界为 lb =[0,0,10,10]。其中，需要在适应度函数中对 $g_1(x), g_2(x), g_3(x), g_4(x)$ 进行约束，若 x_1, x_2, x_3, x_4 均不满足约束条件，则设置该适应度函数无效，并将其设置为 inf。定义适应度函数 fun.m 如下：

```
% 压力容器适应度函数
function fitness = fun(x)
    x1 = x(1); %Ts
    x2 = x(2); %Th
    x3 = x(3); %R
    x4 = x(4); %L

    %% 约束条件判断
    g1 = -x1+0.0193*x3;
    g2 = -x2+0.00954*x3;
    g3 = -pi*x3^2-4*pi*x3^3/3+1296000;
    g4 = x4-240;
    if(g1 <= 0&&g2 <= 0&&g3 <= 0&&g4 <= 0)%若满足约束条件，则计算适应度值
        fitness = 0.6224*x1*x3*x4 + 1.7781*x2*x3^2 + 3.1661*x1^2*x4 +
19.84*x1^2*x3;
    else%否则适应度函数无效
        fitness = inf;
    end
end
```

1.3.2.3 粒子群主函数设计

通过上述分析，可以设置粒子群参数如下：

设置粒子群种群数量 pop 为 50，最大迭代次数 maxIter 为 500，由于将粒子的维度 dim 设置为 4（即 x_1, x_2, x_3, x_4），粒子上边界 ub =[100,100,100,100]，粒子下边界 lb=[0,0,10,10]，速度上边界 v_{max} = [2,2,2,2]，速度下边界 v_{min} =[−2,−2,−2,−2]。粒子群主函数 main.m 设计如下：

```
%% 基于粒子群优化算法的压力容器设计
clc;clear all;close all;
%粒子群参数设定
pop = 50;                            %种群数量
dim = 4;                             %变量维度
ub =[100,100,100,100];              %粒子的上边界
lb = [0,0,10,10];                   %粒子的下边界
vmax = [2,2,2,2];                   %粒子的速度上边界
vmin = [-2,-2,-2,-2];               %粒子的速度下边界
maxIter = 500;                       %最大迭代次数
fobj = @(x) fun(x);                 %设置适应度函数为 fun(x)
%粒子群求解问题
[Best_Pos,Best_fitness,IterCurve] = pso(pop,dim,ub,lb,fobj,vmax,vmin,
maxIter);
%绘制迭代曲线
figure
plot(IterCurve,'r-','linewidth',1.5);
grid on;%网格开
title('粒子群迭代曲线')
xlabel('迭代次数')
ylabel('适应度值')
disp(['求解得到的 x1,x2,x3,x4 为：',num2str(Best_Pos(1)),'    ',num2str
(Best_Pos(2)),' ',num2str(Best_Pos(3)),' ',num2str(Best_Pos(4))]);
    disp(['最优解对应的函数值为：',num2str(Best_fitness)]);
```

程序运行结果如图 1.7 所示。

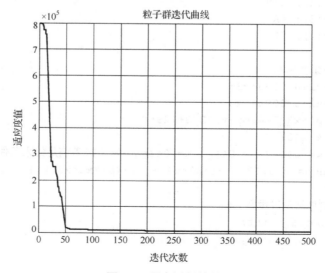

图 1.7 程序运行结果

输出结果如下：

求解得到的 x1,x2,x3,x4 为:1.3566 0.65322 67.8221 47.9934
最优解对应的函数值为:10846.8139

从收敛曲线上来看，压力容器适应度函数值不断减小，表明粒子群优化算法不断地对参数进行优化。最终输出了一组满足约束条件的压力容器参数，对压力容器的设计具有指导意义。

1.4　粒子群优化算法的中间结果

为了更加直观地了解粒子群在每代的分布、前后迭代、粒子群的位置变化，以及每代中最优粒子的位置，以 1.3.1 节中求函数极值为例，如图 1.8 所示，需要将粒子群优化算法的中间结果绘制出来。为了达到此目的，我们需要记录每代粒子群的位置（History Position），同时记录每代最优粒子的位置（History Best），然后通过 MATLAB 绘图函数，将图像绘制出来。

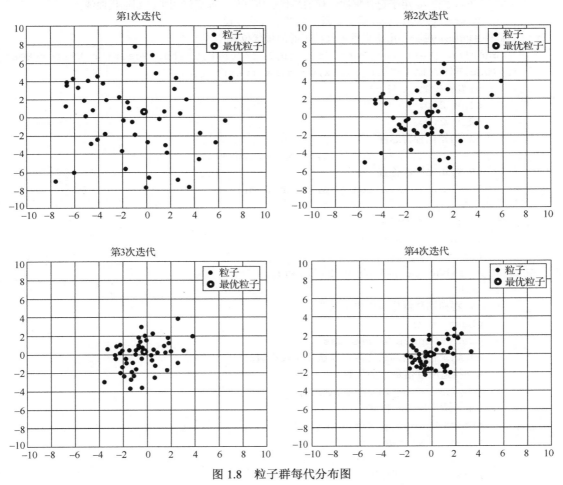

图 1.8　粒子群每代分布图

从图 1.8 可以看出，随着迭代次数的增加，整个种群和最优粒子是向着中心位置(0,0)靠近的，说明粒子群不断地朝着最优位置靠近。通过这种方式可以直观地看到粒子群的搜索过程。使得粒子群优化算法变得更加直观。

记录每代位置的 MATLAB 代码如下：

```
%%--------------粒子群优化算法--------------------%%
%% 输入：
%   pop 为种群数量
%   dim 为单个粒子的维度
%   ub 为粒子的上边界，维度为[1,dim]
%   lb 为粒子的下边界，维度为[1,dim]
%   fobj 为适应度函数接口
%   vmax 为速度的上边界，维度为[1,dim]
%   vmin 为速度的下边界，维度为[1,dim]
%   maxIter 为算法的最大迭代次数，用于控制算法的停止
%% 输出：
%   Best_Pos 为粒子群找到的最优位置
%   Best_fitness 为最优位置对应的适应度值
%   IterCurve 用于记录每次迭代的最优适应度值，即后续用来绘制迭代曲线
%   HistoryPosition 用于记录每代粒子群的位置
%   HistoryBest 用于记录每代粒子群的最优位置
function [Best_Pos,Best_fitness,IterCurve,HistoryPosition,HistoryBest]
= pso(pop,dim,ub,lb,fobj,vmax,vmin,maxIter)
    %%设置参数c1与c2
    c1 = 2.0;
    c2 = 2.0;
    %% 初始化种群速度
    V = initialization(pop,vmax,vmin,dim);
    %% 初始化种群位置
    X = initialization(pop,ub,lb,dim);

    %% 计算适应度值
    fitness = zeros(1,pop);
    for i = 1:pop
        fitness(i) = fobj(X(i,:));
    end
    %% 将初始种群作为历史最优值
    pBest = X;
    pBestFitness = fitness;
    %% 记录初始全局最优值，默认优化最小值
    %寻找适应度值最小的位置
    [~,index] = min(fitness);
    %记录适应度值和位置
    gBestFitness = fitness(index);
    gBest = X(index,:);

    Xnew = X; %新位置
    fitnessNew = fitness;%新位置的适应度值

    IterCurve = zeros(1,maxIter);
    %% 开始迭代
```

```
        for t = 1:maxIter
            %对每个粒子速度进行更新
            for i = 1:pop
                %速度更新
                r1 = rand(1,dim);
                r2 = rand(1,dim);
                V(i,:) = V(i,:) + c1.*r1.*(pBest(i,:) - X(i,:)) + c2.*r2.*(gBest -
X(i,:));
                %速度边界检查及约束
                V(i,:) = BoundaryCheck(V(i,:),vmax,vmin,dim);
                %位置更新
                Xnew(i,:) = X(i,:) + V(i,:);
                %位置边界检查及约束
                Xnew(i,:) = BoundaryCheck(Xnew(i,:),ub,lb,dim);
                %计算新位置的适应度值
                fitnessNew(i) = fobj(Xnew(i,:));
                %更新历史最优值
                if fitnessNew(i) < pBestFitness(i)
                    pBest(i,:) = Xnew(i,:);
                    pBestFitness(i) = fitnessNew(i);
                end
                %更新全局最优值
                if fitnessNew(i) < gBestFitness
                    gBestFitness = fitnessNew(i);
                    gBest = Xnew(i,:);
                end
            end
            X = Xnew;
            fitness = fitnessNew;
            %% 记录当前迭代最优值和最优适应度值
            %记录最优值
            Best_Pos = gBest;
            %记录最优值的适应度值
            Best_fitness = gBestFitness;
            %记录当前迭代的最优适应度值
            IterCurve(t) = gBestFitness;
            HistoryBest{t} = Best_Pos;
            %记录当前代粒子群的位置
            HistoryPosition{t} = X;
        end
    end
```

绘制每代信息的函数代码如下：

```
%% 绘制每代粒子群分布
for i = 1:maxIter
    Position = HistoryPosition{i};%获取当前代位置
    BestPosition = HistoryBest{i};%获取当前代最优位置
```

```
    figure(3)
    plot(Position(:,1),Position(:,2),'*','linewidth',3);
    hold on;
     plot(BestPosition(1),BestPosition(2),'ro','linewidth',3);
    grid on;
    axis([-10 10,-10,10])
    legend('粒子','最优粒子');
    title(['第',num2str(i),'次迭代']);
    hold off
end
```

参 考 文 献

[1] KENNEDY J, EBERHART R. Particle Swarm Optimization[C].Proceedings of IEEE International Conference on Neural Networks,1995:1942-1948.

[2] 李士勇，李研，林永茂. 智能优化算法与涌现计算[M]. 北京：清华大学出版社，2019.

[3] 赵毅. 粒子群优化算法的改进和应用研究[D]. 沈阳：沈阳工业大学，2019.

[4] 李明. 标准粒子群算法的收敛性分析及改进研究[D]. 锦州：渤海大学，2017.

[5] 谢铮桂，钟少丹，韦玉科. 改进的粒子群算法及收敛性分析[J]. 计算机工程与应用，2011，47(1):46-49.

[6] 李爱国，覃征，鲍复民，等. 粒子群优化算法[J]. 计算机工程与应用，2002(21):1-3，17.

[7] 张利彪，周春光，马铭，等. 基于粒子群算法求解多目标优化问题[J]. 计算机研究与发展，2004(7):1286-1291.

[8] 张丽平. 粒子群优化算法的理论及实践[D]. 杭州：浙江大学，2005.

[9] 周驰，高海兵，高亮，等. 粒子群优化算法[J]. 计算机应用研究，2003(12):7-11.

[10] 张丽平，俞欢军，陈德钊，等. 粒子群优化算法的分析与改进[J]. 信息与控制，2004(5):513-517.

[11] 侯志荣，吕振肃. 基于 MATLAB 的粒子群优化算法及其应用[J]. 计算机仿真，2003(10):68-70.

[12] 潘峰，陈杰，甘明刚，等. 粒子群优化算法模型分析[J]. 自动化学报，2006(3):368-377.

[13] ARORA. J. S.Introduction to Optimum Design[M]. Academic Press，2004.

[14] 胡志敏，颜学峰. 双层粒子群算法及应用于压力容器设计[J]. 计算机与应用化学，2012，29(9):111-114.

第 2 章　蚁狮优化算法及其 MATLAB 实现

2.1　蚁狮优化算法的基本原理

蚁狮优化（Ant Lion Optimization，ALO）算法是 2014 年由澳大利亚学者 Seyedali Mirjalili 提出的，该算法的核心思想是模拟蚁狮捕猎蚂蚁的狩猎机制以实现全局寻优。蚁狮在捕猎前利用其巨大的下颚在沙子中挖出一个漏斗状的陷阱，并藏在陷阱底部等待猎物的到来，如图 2.1 所示。一旦随机游走的蚂蚁落入陷阱，蚁狮就会迅速将其捕食，随后重新修缮陷阱等待下一次捕猎。

图 2.1　蚁狮的捕猎行为

蚁狮优化算法通过数值模拟实现蚂蚁和蚁狮之间的相互作用对问题进行优化，即引入蚂蚁的随机游走机制并实现全局搜索，通过轮盘赌策略和精英策略保证种群的多样性和算法的寻优性。蚁狮相当于优化问题的解，通过捕猎高适应度的蚂蚁，实现对近似最优值的更新和保存。

2.1.1　蚂蚁的随机游走

蚂蚁在觅食过程中是随机移动的，利用随机游走来模拟蚂蚁的移动。随机游走的表达式为

$$X(t) = [\text{cumsum}(2r(t_1)-1), \text{cumsum}(2r(t_2)-1), \cdots, \text{cumsum}(2r(t_{\text{maxIter}})-1)] \quad (2.1)$$

其中，$X(t)$ 为蚂蚁的位置，cumsum 为累加和，t 为当前的迭代次数，$r(t)$ 为随机函数，即

$$r(t) = \begin{cases} 0, & \text{rand} \leqslant 0.5 \\ 1, & \text{rand} > 0.5 \end{cases} \quad (2.2)$$

其中，rand 是在区间[0,1]内均匀分布的随机数。蚂蚁在进行随机游走后，需要对游走后的位置进行归一化，即

$$X_j^t = \frac{(X_j^t - a_j)(d_j^t - c_j^t)}{b_j - a_j} + c_j^t \quad (2.3)$$

其中，X_j^t 表示第 j 维在 t 次迭代时的标准化位置，a_j 为第 j 维变量随机游走的最小值；b_j 为第 j 维变量随机游走的最大值；c_j^t 为第 j 维变量在第 t 次迭代的最小值；d_j^t 为第 j 维变量在第 t 次迭代的最大值。

2.1.2 设置陷阱

为了模拟蚁狮的捕猎能力，采用了轮盘赌策略。如图 2.2 所示，假设蚂蚁只被困在一只选定的蚁狮陷阱中，蚁狮优化算法在优化过程中，轮盘赌策略根据蚁群的适应度选择蚁群。这一机制为更适合的蚁狮捕食蚂蚁提供了更好的机会。

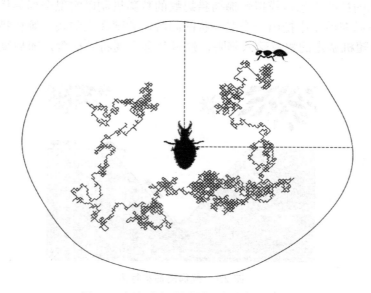

图 2.2　蚂蚁在蚁狮陷阱里的随机游走

蚂蚁的随机游走受到蚁狮陷阱的影响。陷阱对蚂蚁的影响可以用如下表达式表示。

$$c_j^t = \begin{cases} \text{Antlion}_i^t + c^t, & \text{rand} < 0.5 \\ \text{Antlion}_i^t - c^t, & \text{rand} \geqslant 0.5 \end{cases} \quad (2.4)$$

$$d_j^t = \begin{cases} \text{Antlion}_i^t + d^t, & \text{rand} < 0.5 \\ \text{Antlion}_i^t - d^t, & \text{rand} \geqslant 0.5 \end{cases} \quad (2.5)$$

其中，Antlion_i^t 为第 i 只蚂蚁在第 t 代的位置，c_j^t 为第 j 维变量在第 t 次迭代的最小值，d_j^t 为第 j 维变量在第 t 次迭代的最大值，c 与 d 分别为第 t 代的游走边界。

2.1.3 利用陷阱诱捕蚂蚁

因为蚂蚁的移动是随机的，所以蚁狮需要根据自身的适应性来构造陷阱。当蚂蚁进入陷

阱时，蚁狮会向坑中央喷射沙子，使沙子从试图逃跑的蚂蚁身上滑下来，导致蚂蚁随机游走的超球半径自适应地减小，有利于蚁狮捕食蚂蚁。

在蚁狮捕捉蚂蚁的过程中，陷阱表现为蚂蚁游走边界不断缩小，即

$$c^t = \frac{c^t}{I} \tag{2.6}$$

$$d^t = \frac{d^t}{I} \tag{2.7}$$

其中，I 随着迭代次数的增加分段线性增加，即

$$I = 10^w \frac{t}{\text{maxIter}} \tag{2.8}$$

t 为当前迭代次数，w 取决于当前代数。

$$t > \begin{cases} 0.1 \times \text{maxIter}, & w = 2 \\ 0.5 \times \text{maxIter}, & w = 3 \\ 0.75 \times \text{maxIter}, & w = 4 \\ 0.9 \times \text{maxIter}, & w = 5 \\ 0.95 \times \text{maxIter}, & w = 6 \end{cases} \tag{2.9}$$

2.1.4　捕获猎物并重建洞穴

最后阶段是当一只蚂蚁到达坑底，且被蚁狮的下巴夹住时；在该阶段后，蚁狮把蚂蚁拉到沙子里吃掉。为了模仿这一过程，假设当蚂蚁变得比相应的蚁狮更适合捕食时（进入沙子），然后，蚁狮需要更新自己的位置到被捕食蚂蚁的最新位置，以提高捕捉新猎物的概率。

$$\text{Antlion}_i^t = \text{Ant}_i^t, \quad f(\text{Ant}_i^t) > f(\text{Antlion}_i^t) \tag{2.10}$$

精英策略是进化算法的一个重要特征，它使进化算法能够保持在优化过程中的任何阶段所获得的最优解。将每次迭代中得到的最佳蚁狮均保存为精英蚁狮中。因为精英是适应度最好的蚁狮，它能够在迭代过程中影响所有蚂蚁的移动。所以，每只蚂蚁均同时根据轮盘赌策略和精英策略随机地围绕一个选定的蚁狮行走。

$$\text{Ant}_i^t = (\text{RA}^t + \text{RE}^t) / 2 \tag{2.11}$$

其中，Ant_i^t 表示第 i 只蚂蚁在第 t 次迭代时的位置，RA^t 表示蚂蚁在第 t 次迭代时围绕适应度轮盘赌选择蚁狮随机游走后的位置，RE^t 表示蚂蚁在第 t 次迭代时围绕精英蚁狮随机游走后的位置。

2.1.5　蚁狮优化算法流程

蚁狮优化算法流程图如图 2.3 所示。
蚁狮优化算法的具体步骤如下：
步骤 1：设定参数，初始化种群。
步骤 2：计算适应度值并排序，记录全局最优位置。
步骤 3：获取精英蚁狮位置，通过轮盘赌策略选择另外一只蚁狮。

步骤 4：蚂蚁分别围绕精英蚁狮和随机蚁狮进行随机游走。

步骤 5：更新蚂蚁位置，合并蚂蚁和蚁狮位置，更新蚁狮位置。

步骤 6：是否满足结束条件，若满足，则输出最优蚁狮位置；否则重复步骤 2～6。

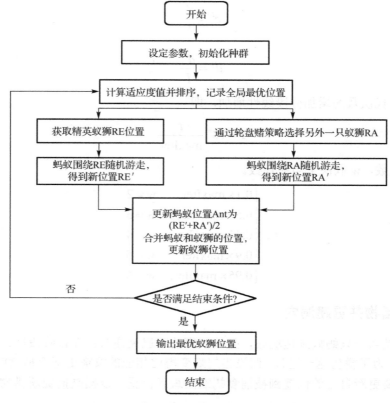

图 2.3　蚁狮优化算法流程图

2.2　蚁狮优化算法的 MATLAB 实现

2.2.1　种群初始化

2.2.1.1　MATLAB 相关函数

函数 rand()是 MATLAB 自带的随机数生成函数，能生成区间[0,1]内的随机数。

```
>> rand()

ans =

    0.5640
```

若要一次性生成多个随机数，则可以这样使用函数 rand(row,col)，其中 row 和 col 分别表示行和列，如 rand(3,4)表示生成 3 行 4 列的范围在区间[0,1]内的随机数。

```
>> rand(3,4)

ans =

    0.1661    0.1130    0.4934    0.0904
    0.2506    0.8576    0.7964    0.4675
    0.2860    0.2406    0.5535    0.7057
```

若要生成指定范围内的随机数，则可以利用如下表达式表示

$$r = \text{lb} + (\text{ub} - \text{lb}) \times \text{rand}()$$

其中，ub 表示范围的上边界，lb 表示范围的下边界。如在区间[0,4]内生成 5 个随机数，相关代码如下：

```
>> (4-0).*rand(1,5) + 0

ans =

    0.1692    2.9335    1.8031    2.0817    1.6938
```

2.2.1.2　编写蚁狮初始化函数

定义蚁狮初始化函数名称为 initialization，并单独编写成一个函数并将该函数存放在 initialization.m 文件中。利用 2.2.1.1 节中的随机数生成方式，生成初始种群。

```
%% 种群初始化函数
function X = initialization(pop,ub,lb,dim)
    %pop 为蚁狮种群数量
    %dim 为单个蚁狮的维度
    %ub 为每个维度的变量上边界，维度为[1,dim]
    %lb 为每个维度的变量下边界，维度为[1,dim]
    %X 为输出的种群，维度为[pop,dim]
    X = zeros(pop,dim);  %为 X 事先分配空间
    for i = 1:pop
      for j = 1:dim
         X(i,j) = (ub(j) - lb(j))*rand() + lb(j);  %生成区间[lb,ub]内的随机数
      end
    end
end
```

例如，设定种群数量为 10，每个蚂蚁维度均为 5，每个维度的边界均为[−5,5]，利用初始化函数初始化种群。

```
>> pop = 10;
dim = 5;
ub = [5,5,5,5,5];
lb = [-5,-5,-5,-5,-5];
X = initialization(pop,ub,lb,dim)
X =
```

```
   4.0128    -4.1002     2.2631     0.3289    -3.5791
  -4.0030    -1.2295    -2.8867    -4.7501    -2.3254
   2.9829    -1.4263     2.9411    -3.0492    -3.6387
   1.3984    -1.3664     2.9571     0.0372    -2.8473
   0.8161    -0.8394     1.6395     2.3809     3.3831
  -0.5585     0.9041     2.4232    -0.1881    -4.5387
   3.3292    -2.0766    -1.9047    -2.3631     4.8229
   2.8580    -0.6887     4.4058     0.4283    -0.1423
  -0.2458    -0.3057    -4.3353    -1.4527    -3.6862
   2.5432     0.9329     2.0006    -2.4433     4.3412
```

2.2.2 适应度函数

适应度函数是优化问题的目标函数，根据不同应用设计相应的适应度函数。我们可以把自己设计的适应度函数单独写成一个函数，方便优化算法调用。一般将适应度函数命名为 fun，这里我们定义一个适应度函数并将其存放在 fun.m 文件中，这里适应度函数定义如下：

```
%% 适应度函数
function fitness = fun(x)
    %x 为输入一只蚂蚁，维度为[1,dim]
    %fitness 为输出的适应度值
        fitness = sum(x.^2);
end
```

这里，适应度值就是 x 所有值的平方和，如 $x = [1,2]$，那么经过适应度函数后得到的值为 5。

```
>> x = [1,2];
fitness = fun(x)

fitness =

    5
```

2.2.3 边界检查和约束

边界检查的作用是防止变量超过规定的范围，一般当变量大于上边界时，直接将其设置为上边界；当变量小于下边界时，直接将其设置为下边界，其具体逻辑表达式如下：

$$val = \begin{cases} ub, & val > ub \\ lb, & val < lb \end{cases}$$

定义边界检查函数为 BoundaryCheck()，并将其保存为 BoundaryCheck.m 文件。

```
%% 边界检查函数
function [X] = BoundaryCheck(x,ub,lb,dim)
    %dim 为数据的维度大小
    %x 为输入数据，维度为[1,dim]
    %ub 为数据上边界，维度为[1,dim]
    %lb 为数据下边界，维度为[1,dim]
```

```
    for i = 1:dim
        if x(i) > ub(i)
            x(i) = ub(i);
        end
        if x(i)<lb(i)
            x(i) = lb(i);
        end
    end
    X = x;
end
```

假设 $x = [1,-2,3,-4]$，定义的上边界为$[1,1,1,1]$，下边界为$[-1,-1,-1,-1]$。于是在经过边界检查和约束后，x 应该为$[1,-1,1,-1]$。

```
>> dim = 4;
x = [1,-2,3,-4];
ub = [1,1,1,1];
lb = [-1,-1,-1,-1];
X = BoundaryCheck(x,ub,lb,dim)


X =

     1    -1     1    -1
```

2.2.4　轮盘赌策略

在蚁狮优化算法中，蚁狮的选择是通过轮盘赌策略进行选择的。轮盘赌策略是指在一群蚂蚁中，随机挑选一只蚂蚁，但是挑选的概率并不是均匀分布的，而是适度值越大，被选中的概率越大。

定义轮盘赌策略函数为 RouletteWheelSelection()，将其并保存为 RouletteWheelSelection.m 文件。

```
%% 轮盘赌策略
% weights 为输入的权重，在蚁狮优化算法中，weights 为各蚁狮的适应度值
% choice 为输出，含义为被选中蚂蚁的索引
function choice = RouletteWheelSelection(weights)
  accumulation = cumsum(weights); %权重累加
  p = rand() * accumulation(end); %定义选择阈值，将随机概率与总和的乘积作为阈值
  chosen_index = -1;
  for index = 1 : length(accumulation)
    if (accumulation(index) >= p) %若大于或等于阈值，则输出当前索引，并将其作
为结果，循环结束
        chosen_index = index;
        break;
    end
  end
  choice = chosen_index;
 end
```

其中，涉及的 MATLAB 函数 cumsum()为累加函数，如 $X = [x_1, x_2, x_3]$，则 cumsum(X)得到的结果为 $X = [x_1, (x_1 + x_2), x_3]$。

```
>> cumsum([1,1,3])

ans =

     1     2     5
```

为了验证轮盘赌策略的有效性，假设 $X = [1, 5, 3]$，那么当运行 200 次后，理论上选中 5 的概率应该比较大，即返回的索引应该是位置 2，测试如下：

```
X = [1,5,3];
for i = 1:20
    index(i) = RouletteWheelSelection(X);
end
%分别统计位置 1，2，3 被选中的概率
p1 = sum(index == 1)/20;
p2 = sum(index == 2)/20;
p3 = sum(index == 3)/20;
disp(['位置 1 被选中的概率: ',num2str(p1)]);
disp(['位置 2 被选中的概率: ',num2str(p2)]);
disp(['位置 3 被选中的概率: ',num2str(p3)]);
```

输出结果如下：

```
位置 1 被选中的概率: 0.15
位置 2 被选中的概率: 0.5
位置 3 被选中的概率: 0.35
```

从结果来看，的确是位置 2 被选中的概率更高。

2.2.5　蚁狮优化算法的随机游走

蚁狮优化算法的随机游走主要包含以下步骤：①计算随机游走系数 I；②计算随机游走边界；③根据随机游走边界进行随机游走。

2.2.5.1　计算随机游走系数 I

随机游走系数 I 随着迭代次数的增加而分段线性增加，即

$$I = 10^w \frac{t}{\text{maxIter}}$$

其中，t 为当前迭代次数，w 取决于当前代数。

$$t > \begin{cases} 0.1 \times \text{maxIter}, & w = 2 \\ 0.5 \times \text{maxIter}, & w = 3 \\ 0.75 \times \text{maxIter}, & w = 4 \\ 0.9 \times \text{maxIter}, & w = 5 \\ 0.95 \times \text{maxIter}, & w = 6 \end{cases}$$

计算随机游走系数的具体 MATLAB 代码如下：

```
%% 计算随机游走系数 I：
I = 1;
w = 1;
if t > 0.1*maxIter
   w = 2;
end
if t > maxIter*0.5
    w = 3;
end
if t > maxIter*0.75
    w = 4;
end
if t > maxIter*(0.9)
    w = 5;
end
if current_iter > maxIter*(0.9)
    w = 6;
end
I = 1+10^w*(t/maxIter); %加 1 是为了防止 I == 0
```

2.2.5.2　计算随机游走边界

随机游走边界的计算公式为

$$c_j^t = \begin{cases} \text{Antlion}_i^t + c^t, & \text{rand} < 0.5 \\ \text{Antlion}_i^t - c^t, & \text{rand} \geqslant 0.5 \end{cases}$$

$$d_j^t = \begin{cases} \text{Antlion}_i^t + d^t, & \text{rand} < 0.5 \\ \text{Antlion}_i^t - d^t, & \text{rand} \geqslant 0.5 \end{cases}$$

其中，Antlion_i^t 为第 i 只蚂蚁在第 t 代的位置，c_j^t 为第 j 维变量在第 t 次迭代的最小值；d_j^t 为第 j 维变量在第 t 次迭代的最大值，c^t 与 d^t 分别为第 t 代的随机游走边界。

在蚁狮捕捉蚂蚁的过程中，陷阱表现为蚂蚁的随机游走边界不断缩小，则

$$c^t = \frac{c^t}{I}$$

$$d^t = \frac{d^t}{I}$$

其中，式中主要包含陷阱边界和蚂蚁边界。

计算随机游走边界的具体 MATLAB 代码如下。

```
%% 计算随机游走边界
% 根据随机游走系数确定陷阱边界
lb = lb/(I); %下边界
ub = ub/(I); %上边界
```

```
% 计算蚂蚁下边界
if rand < 0.5
    lb = lb+antlion;
else
    lb = -lb+antlion;
end
%计算蚂蚁上边界
if rand >= 0.5
    ub = ub+antlion;
else
    ub = -ub+antlion;
end
```

2.2.5.3　计算随机游走后的位置

计算随机游走后的位置的原理为

$$X(t) = [\text{cumsum}(2r(t_1)-1), \text{cumsum}(2r(t_2)-1), \cdots, \text{cumsum}(2r(t_{\text{maxIter}})-1)]$$

其中，$X(t)$为蚂蚁的位置，cumsum 为累加和，t 为当前的迭代次数，$r(t)$为随机函数，即

$$r(t) = \begin{cases} 0, & \text{rand} \leqslant 0.5 \\ 1, & \text{rand} > 0.5 \end{cases}$$

其中，rand 为在区间[0,1]内均匀分布的随机数。在蚂蚁进行随机游走后，需要对随机游走后的位置进行归一化，即

$$X_j^t = \frac{(X_j^t - a_j)(d_j^t - c_j^t)}{b_j - a_j} + c_j^t$$

注意，先进行随机游走然后根据边界归一化。

计算随机游走后的位置的具体 MATLAB 代码如下：

```
%% 计算随机游走后的位置
for i = 1:dim
    X = [0 cumsum(2*(rand(maxIter,1)>0.5)-1)'];
    a = min(X);
    b = max(X);
    c = lb(i);
    d = ub(i);
    X_norm = ((X-a).*(d-c))./(b-a)+c;
end
```

2.2.5.4　随机游走函数整体代码

根据 2.2.5.1～2.2.5.3 节将随机游走编写为一个模块，定义函数名称为 Random_walk_around_antlion()，并将其保存为 Random_walk_around_antlion.m 文件。

```
%% 蚁狮优化算法的随机游走
%% 输入:
% dim: 蚁狮维度
% maxIter:最大迭代次数
```

```
% lb：蚁狮下边界维度为 1×dim
% ub：蚁狮上边界维度为 1×dim
% antlion：蚁狮
% t：当前迭代次数
%% 输出
%RWs 为随机游走后归一化的位置
function [RWs]=Random_walk_around_antlion(dim,maxIter,lb, ub,antlion,t)

    %% 计算游走系数 I：
    I = 1;
    w = 1;
    if t > 0.1*maxIter
      w = 2;
    end
    if t > maxIter*0.5
        w = 3;
    end
    if t > maxIter*0.75
        w = 4;
    end
    if t > maxIter*(0.9)
        w = 5;
    end
    if t > maxIter*(0.9)
        w = 6;
    end
    I = 1+10^w*(t/maxIter); %加 1 是为了防止 I == 0


    %% 计算随机游走边界
    % 根据随机游走系数确定陷阱边界
    lb = lb/(I); %下边界
    ub = ub/(I); %上边界

    % 计算蚁狮下边界
    if rand < 0.5
        lb = lb+antlion;
    else
        lb = -lb+antlion;
    end
    %计算蚁狮上边界
    if rand >= 0.5
        ub = ub+antlion;
    else
        ub = -ub+antlion;
    end
```

```matlab
%% 随机游走
for i = 1:dim
    X = [0 cumsum(2*(rand(maxIter,1)>0.5)-1)'];
    a = min(X);
    b = max(X);
    c = lb(i);
    d = ub(i);
    X_norm = ((X-a).*(d-c))./(b-a)+c;
    RWs(:,i) = X_norm;
end
end
```

2.2.6 蚁狮优化算法的 MATLAB 代码

将整个蚁狮优化算法定义为一个模块，其模块名称函数为 ALO，并将其存储为 ALO.m 文件。整个蚁狮优化算法的 MATLAB 代码如下：

```matlab
%%-------------------蚁狮优化算法----------------------%%
%% 输入:
%   pop 为蚁狮种群数量
%   dim 为单个蚁狮的维度
%   ub 为蚁狮的上边界，维度为[1,dim]
%   lb 为蚁狮的下边界，维度为[1,dim]
%   fobj 为适应度函数接口
%   maxIter 为算法的最大迭代次数，用于控制算法的停止
%% 输出:
%   Best_Pos 为蚁狮优化算法找到的最优位置
%   Best_fitness 为最优位置对应的适应度值
%   IterCurve 用于记录每次迭代的最优适应度值，即后续用来绘制迭代曲线
function [Best_Pos,Best_fitness,IterCurve]=ALO(pop,dim,ub,lb,fobj,maxIter)

% 初始化蚁狮的位置
antlion_position = initialization(pop,ub,lb,dim);
% 初始化蚂蚁的位置
ant_position = initialization(pop,ub,lb,dim);

IterCurve = zeros(1,maxIter);
antlions_fitness = zeros(1,pop);
ants_fitness = zeros(1,pop);

% 计算蚁狮的适应度值
for i = 1:pop
    antlions_fitness(i) = fobj(antlion_position(i,:));
end
%对蚁狮的适应度值进行排序，存放在函数 Sorted_antlions()中
[sorted_antlion_fitness,sorted_indexes] = sort(antlions_fitness);
for newindex = 1:pop
    Sorted_antlions(newindex,:)    =    antlion_position(sorted_indexes
```

```matlab
(newindex),:);
    end
    %精英蚁狮，及排序后位置位于第一的蚁狮
    Elite_antlion_position = Sorted_antlions(1,:);      %精英蚁狮的位置
    Elite_antlion_fitness = sorted_antlion_fitness(1);      %精英蚁狮的适应度值
    %记录全局最优值和最优值对应的适应度值
    Best_Pos = Elite_antlion_position;
    Best_fitness = Elite_antlion_fitness;

    IterCurve(1) = Best_fitness;
    Current_iter = 2;
    %开始循环
    while Current_iter<maxIter+1

        %随机游走策略
        for i = 1:pop
            %根据轮盘赌策略随机选择一个蚁狮
            Rolette_index =
RouletteWheelSelection(1./sorted_antlion_fitness); %这里取倒数，适应度值越小的
被选择的概率越大
            % 计算围绕随机蚁狮游走后的 RA
            RA = Random_walk_around_antlion(dim,maxIter,lb,ub,
Sorted_antlions(Rolette_index,:),Current_iter);
            %计算围绕精英蚁狮游走后的 RE
            RE = Random_walk_around_antlion(dim,maxIter,lb,ub, Elite_antlion_
position(1,:),Current_iter);
            %计算蚂蚁的位置
            ant_position(i,:) = (RA(Current_iter,:)+RE(Current_iter,:))/2;
        end

        for i = 1:pop
            %蚂蚁边界检查和约束
            ant_position(i,:) = BoundaryCheck(ant_position(i,:),ub,lb,dim);
            %蚂蚁的适应度值计算
            ants_fitness(i) = fobj(ant_position(i,:));
        end
        %% 合并蚁狮和蚂蚁的位置
        double_population = [Sorted_antlions;ant_position];
        double_fitness = [sorted_antlion_fitness ants_fitness];
        %排序
        [double_fitness_sorted,newIndex] = sort(double_fitness);
        double_sorted_population = double_population(newIndex,:);
        % 取前 pop 种群数量作为新精英蚁狮
        antlions_fitness = double_fitness_sorted(1:pop);
        Sorted_antlions = double_sorted_population(1:pop,:);
        % 更新精英蚁狮
        if antlions_fitness(1)<Elite_antlion_fitness
            Elite_antlion_position = Sorted_antlions(1,:);
```

```
            Elite_antlion_fitness = antlions_fitness(1);
    end
    % 确保精英蚁狮在第一个位置
    Sorted_antlions(1,:) = Elite_antlion_position;
    antlions_fitness(1) = Elite_antlion_fitness;
    %记录全局最优值
    Best_fitness = Elite_antlion_fitness;
    Best_Pos = Elite_antlion_position;
    %记录每次迭代的最优值
    IterCurve(Current_iter) = Best_fitness;
    Current_iter = Current_iter+1;
end
```

至此，基本蚁狮优化算法的代码编写完成，所有涉及蚁狮优化算法的子函数均包括如图 2.4 所示的.m 文件。

BoundaryCheck.m	2021/3/13 12:55	MATLAB Code	1 KB
initialization.m	2021/3/18 10:17	MATLAB Code	1 KB
RouletteWheelSelection.m	2021/3/18 10:55	MATLAB Code	1 KB
fun.m	2021/3/22 14:32	MATLAB Code	1 KB
Random_walk_around_antlion.m	2021/3/22 14:47	MATLAB Code	2 KB
ALO.m	2021/3/22 14:58	MATLAB Code	4 KB

图 2.4　.m 文件

下一节将讲解如何使用上述蚁狮优化算法来解决优化问题。

2.3　蚁狮优化算法的应用案例

2.3.1　求解函数极值

问题描述：求解一组 x_1, x_2，使得下面函数的值最小。

$$f(x_1, x_2) = x_1^2 + x_2^2$$

其中，x_1 与 x_2 的取值范围分别为[−10,10]，[−10,10]。

首先，我们可以利用 MATLAB 绘图的方式来查看搜索空间是什么，并绘制该函数的搜索曲面，结果如图 2.5 所示。

```
%% 绘制 f(x1,x2)的搜索曲面
x1 = -10:0.01:10;
x2 = -10:0.01:10;
for i= 1:size(x1,2)
    for j = 1:size(x2,2)
        X1(i,j) = x1(i);
        X2(i,j) = x2(j);
        f(i,j) = x1(i)^2 + x2(j)^2;
    end
end
surfc(X1,X2,f,'LineStyle','none');  %绘制搜索曲面
```

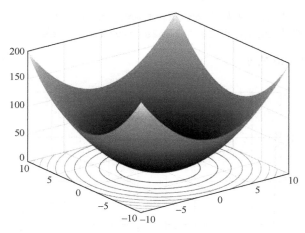

图 2.5　$f(x_1,x_2)$ 搜索曲面

从函数表达式和搜索曲面可知，该函数的最小值为 0，最优解为 $x_1 = 0$，$x_2 = 0$。利用蚁狮优化算法对该问题进行求解，设置蚁狮种群数量 pop 为 50，最大迭代次数 maxIter 为 100，由于是求解 x_1 与 x_2，因此将蚁狮的维度 dim 设定为 2，蚁狮上边界 ub =[10,10]，蚁狮下边界 lb=[−10,−10]。根据问题设定适应度函数 fun.m 如下：

```
%% 适应度函数
function fitness = fun(x)
%x 为输入一只蚂蚁，维度为[1,dim]
%fitness 为输出的适应度值
    fitness = x(1)^2 + x(2)^2;
end
```

求解该问题的主函数 main.m 如下：

```
%% 利用蚁狮优化算法求解 x1^2 + x2^2 的最小值
clc;clear all;close all;
%设定蚁狮参数
pop = 50;                    %蚁狮种群数量
dim = 2;                     %蚁狮变量维度
ub = [10,10];                %蚁狮上边界
lb = [-10,-10];              %蚁狮下边界
maxIter = 100;               %最大迭代次数
fobj = @(x) fun(x);          %设置适应度函数为 fun(x)
%蚁狮求解问题
[Best_Pos,Best_fitness,IterCurve] = ALO(pop,dim,ub,lb,fobj,maxIter);
%绘制迭代曲线
figure
plot(IterCurve,'r-','linewidth',1.5);
grid on;%网格开
title('蚁狮迭代曲线')
xlabel('迭代次数')
ylabel('适应度值')
```

```
disp(['求解得到的 x1，x2 为：',num2str(Best_Pos(1)),'   ',num2str(Best_Pos(2))]);
disp(['最优解对应的函数值为：',num2str(Best_fitness)]);
```

程序运行结果如图 2.6 所示。

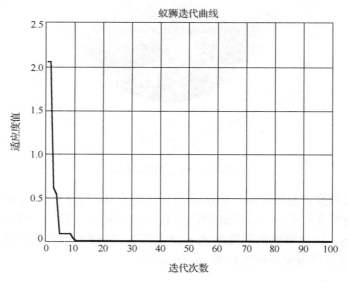

图 2.6　程序运行结果

输出结果如下：

```
求解得到的 x1，x2 为：1.7967e-07    1.8919e-08
最优解对应的函数值为：3.264e-14
```

从蚁狮优化算法寻优的结果来看，利用蚁狮优化算法得到的最终值(1.7967e–07，1.8919e–08)，非常接近理论最优值(0,0)，表明蚁狮优化算法具有寻优能力强的特点。

2.3.2　带约束问题求解：基于蚁狮优化算法的压力容器设计

2.3.2.1　问题描述

压力容器设计问题的目标是使压力容器制作（配对、成型和焊接）成本最低，压力容器示意图如图 2.7 所示，压力容器的两端都由封盖封住，头部一端的封盖为半球状。L 是不考虑头部的圆柱体部分的截面长度，R 是圆柱体的内壁半径，T_s 和 T_h 分别表示圆柱体的壁厚和头部的壁厚，L、R、T_s 和 T_h 即为压力容器设计问题的 4 个优化变量。该问题的目标函数表示如下：

$$x = [x_1, x_2, x_3, x_4] = [T_s, T_h, R, L]$$

$$\min f(x) = 0.6224x_1x_3x_4 + 1.7781x_2x_3^2 + 3.1661x_1^2x_4 + 19.84x_1^2x_3$$

目标函数的约束条件表示如下：

$$g_1(x) = -x_1 + 0.0193x_3 \leqslant 0$$

$$g_2(x) = -x_2 + 0.00954x_3 \leqslant 0$$

$$g_3(x) = -\pi x_3^2 - 4\pi x_3^3 / 3 + 129600 \leqslant 0$$

$$g_4(x) = x_4 - 240 \leqslant 0$$

$$0 \leqslant x_1 \leqslant 100, \quad 0 \leqslant x_2 \leqslant 100, \quad 10 \leqslant x_3 \leqslant 100, \quad 10 \leqslant x_4 \leqslant 100$$

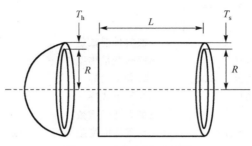

图 2.7 压力容器示意图

2.3.2.2 适应度函数设计

在该问题中，我们求解的问题是带约束的问题，其约束条件为

$$0 \leqslant x_1 \leqslant 100, \quad 0 \leqslant x_2 \leqslant 100, \quad 10 \leqslant x_3 \leqslant 100, \quad 10 \leqslant x_4 \leqslant 100$$

通过蚁狮寻优的边界对约束条件进行设置，即设置蚁狮上边界 ub=[100,100,100,100]，蚁狮下边界为 lb =[0,0,10,10]。其中，需要在适应度函数中对 $g_1(x),g_2(x),g_3(x),g_4(x)$ 进行约束，若 x_1,x_2,x_3,x_4 不满足约束条件，则设置该适应度函数无效，并将其设置为 inf。定义适应度函数 fun.m 如下：

```
% 压力容器适应度函数
function fitness = fun(x)
    x1 = x(1); %Ts
    x2 = x(2); %Th
    x3 = x(3); %R
    x4 = x(4); %L

    %% 约束条件判断
    g1 = -x1+0.0193*x3;
    g2 = -x2+0.00954*x3;
    g3 = -pi*x3^2-4*pi*x3^3/3+1296000;
    g4 = x4-240;
    if(g1 <= 0&&g2 <= 0&&g3 <= 0&&g4 <= 0)%若满足约束条件，则计算适应度值
        fitness = 0.6224*x1*x3*x4 + 1.7781*x2*x3^2 + 3.1661*x1^2*x4 +
19.84*x1^2*x3;
    else%否则适应度函数无效
        fitness = inf;
    end
end
```

2.3.2.3 蚁狮优化算法主函数设计

通过上述分析，可以设置蚁狮参数如下：

设置蚁狮种群数量 pop 为 50，最大迭代次数 maxIter 为 500，设置蚁狮的维度 dim 为 4（x_1, x_2, x_3, x_4），蚁狮上边界 ub =[100,100,100,100]，蚁狮下边界 lb=[0,0,10,10]，蚁狮主函数 main.m 设计如下：

```matlab
%% 基于蚁狮优化算法的压力容器设计
clc;clear all;close all;
%蚁狮参数设定
pop = 50;                        %蚁狮种群数量
dim = 4;                         %蚁狮变量维度
ub = [100,100,100,100];          %蚁狮上边界
lb = [0,0,10,10];                %蚁狮下边界
maxIter = 500;                   %最大迭代次数
fobj = @(x) fun(x);              %设置适应度函数为 fun(x)
%蚁狮求解问题
[Best_Pos,Best_fitness,IterCurve] = ALO(pop,dim,ub,lb,fobj,maxIter);
%绘制迭代曲线
figure
plot(IterCurve,'r-','linewidth',1.5);
grid on;%网格开
title('蚁狮迭代曲线')
xlabel('迭代次数')
ylabel('适应度值')

disp(['求解得到的 x1,x2,x3,x4 为：',num2str(Best_Pos(1)),'      ',num2str
(Best_Pos(2)),' ',num2str(Best_Pos(3)),' ',num2str(Best_Pos(4))]);
    disp(['最优解对应的函数值为：',num2str(Best_fitness)]);
```

程序运行结果如图 2.8 所示。

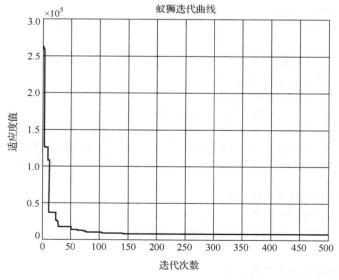

图 2.8　程序运行结果

输出结果如下：

```
求解得到的 x1,x2,x3,x4 为:1.3027    0.6439 67.495 13.0133
最优解对应的函数值为：8270.1765
```

从收敛曲线上来看，压力容器适应度函数值不断减小，表明蚁狮优化算法不断地对参数进行优化。最终输出了一组满足约束条件的压力容器参数，对压力容器的设计具有指导意义。

2.4 蚁狮优化算法的中间结果

为了更加直观地了解蚁狮在每代的分布、前后迭代、蚁狮的位置变化，以及每代中精英蚁狮的位置，以 2.3.1 节中求函数极值为例，如图 2.9 所示，需要将蚁狮优化算法的中间结果绘制出来。为了达到此目的，我们需要记录每代蚁狮的位置（History Position，同时记录每代最优蚁狮的位置（History Best），然后通过 MATLAB 绘图函数，将图像绘制出来。

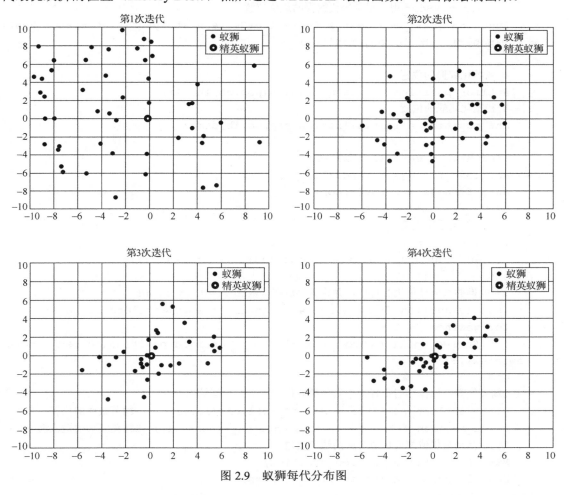

图 2.9 蚁狮每代分布图

从图 2.9 可以看出，随着迭代次数的增加，整个蚁狮种群和精英蚁狮都是向着中心位置(0,0)靠近的，说明蚁狮优化算法不断地朝着最优位置靠近。通过这种方式可以直观地看到蚁狮的搜索过程，使得蚁狮优化算法变得更加直观。

记录每代位置的 MATLAB 代码如下：

```
%%-----------------蚁狮优化算法-----------------------%%
%% 输入:
%    pop 为蚁狮种群数量
%    dim 为单个蚁狮的维度
%    ub 为蚁狮上边界, 维度为[1,dim]
%    lb 为蚁狮下边界, 维度为[1,dim]
%    fobj 为适应度函数接口
%    maxIter 为算法的最大迭代次数, 用于控制算法的停止
%% 输出:
%    Best_Pos 为蚁狮优化算法找到的最优位置
%    Best_fitness 为最优位置对应的适应度值
%    IterCurve 用于记录每次迭代的最优适应度值, 即后续用来绘制迭代曲线
%    HistoryPosition 用于记录每代蚁狮的位置
%    HistoryBest 用于记录每代蚁狮的最优位置
function [Best_Pos,Best_fitness,IterCurve,HistoryPosition,HistoryBest]
= ALO(pop,dim,ub,lb,fobj,maxIter)

    % 初始化蚁狮的位置
    antlion_position = initialization(pop,ub,lb,dim);
    % 初始化蚂蚁的位置
    ant_position = initialization(pop,ub,lb,dim);

    IterCurve = zeros(1,maxIter);
    antlions_fitness = zeros(1,pop);
    ants_fitness = zeros(1,pop);

    % 计算蚁狮适应度值
    for i = 1:pop
        antlions_fitness(i) = fobj(antlion_position(i,:));
    end
    %对蚁狮的适应度值进行排序, 并将其存放在函数 Sorted_antlions()中
    [sorted_antlion_fitness,sorted_indexes] = sort(antlions_fitness);
    for newindex = 1:pop
        Sorted_antlions(newindex,:)   =   antlion_position(sorted_indexes
(newindex),:);
    end
    %精英蚁狮, 即排序后位置位于第一的蚁狮
    Elite_antlion_position = Sorted_antlions(1,:);       %精英蚁狮的位置
    Elite_antlion_fitness = sorted_antlion_fitness(1);   %精英蚁狮的适应度值
    %记录全局最优值和最优值对应的适应度值
    Best_Pos = Elite_antlion_position;
    Best_fitness = Elite_antlion_fitness;

    %记录当前代蚁狮群的位置及精英蚁狮的位置
    HistoryPosition{1} = Sorted_antlions;
    HistoryBest{1} = Elite_antlion_position;
```

```matlab
    IterCurve(1) = Best_fitness;
    Current_iter = 2;
    %开始循环
    while Current_iter<maxIter+1

        %随机游走
        for i = 1:pop
            %利用轮盘赌策略随机选择一个蚁狮
            Rolette_index = RouletteWheelSelection(1./sorted_antlion_fitness);
%这里取倒数，即适应度值越小的，被选择的概率越大
            % 计算围绕随机蚁狮游走后的 RA
            RA = Random_walk_around_antlion(dim,maxIter,lb,ub, Sorted_antlions
(Rolette_index,:),Current_iter);
            %计算围绕精英蚁狮游走后的 RE
            RE = Random_walk_around_antlion(dim,maxIter,lb,ub, Elite_antlion_
position(1,:),Current_iter);
            %计算蚂蚁的位置
            ant_position(i,:) = (RA(Current_iter,:)+RE(Current_iter,:))/2;
        end

        for i = 1:pop
            %蚂蚁边界检查和约束
            ant_position(i,:)                                              =
BoundaryCheck(ant_position(i,:),ub,lb,dim);
            %计算蚂蚁适应度值
            ants_fitness(i) = fobj(ant_position(i,:));
        end
        %% 合并蚁狮和蚂蚁的位置
        double_population = [Sorted_antlions;ant_position];
        double_fitness = [sorted_antlion_fitness ants_fitness];
        %排序
        [double_fitness_sorted,newIndex] = sort(double_fitness);
        double_sorted_population = double_population(newIndex,:);
        % 取前 pop 种群数量作为新精英蚁狮
        antlions_fitness = double_fitness_sorted(1:pop);
        Sorted_antlions = double_sorted_population(1:pop,:);
        % 更新精英蚁狮
        if antlions_fitness(1)<Elite_antlion_fitness
            Elite_antlion_position = Sorted_antlions(1,:);
            Elite_antlion_fitness = antlions_fitness(1);
        end
        % 确保精英蚁狮在第一个位置
        Sorted_antlions(1,:) = Elite_antlion_position;
        antlions_fitness(1) = Elite_antlion_fitness;
        %记录全局最优值
        Best_fitness = Elite_antlion_fitness;
        Best_Pos = Elite_antlion_position;
```

```
%记录每次迭代的最优值
IterCurve(Current_iter) = Best_fitness;
%记录当前代蚁狮群的位置及精英蚁狮的位置
HistoryPosition{Current_iter} = Sorted_antlions;
HistoryBest{Current_iter} = Elite_antlion_position;
Current_iter = Current_iter+1;
end
```

绘制每代蚁狮分布的绘图函数代码如下：

```
%% 绘制每代蚁狮的分布
for i = 1:maxIter
    Position = HistoryPosition{i};%获取当前代位置
    BestPosition = HistoryBest{i};%获取当前代最佳位置
    figure(3)
    plot(Position(:,1),Position(:,2),'*','linewidth',3);
    hold on;
     plot(BestPosition(1),BestPosition(2),'ro','linewidth',3);
    grid on;
    axis([-10 10,-10,10])
    legend('蚁狮','精英蚁狮');
    title(['第',num2str(i),'次迭代']);
    hold off
end
```

参 考 文 献

[1] SEYEDALI M. The Ant Lion Optimizer[J]. Advances in Engineering Software, 2015, 83(none):80-98.

[2] 李士勇，李研，林永茂. 智能优化算法与涌现计算[M]. 北京：清华大学出版社，2019.

[3] 刘颖明，王瑛玮，王晓东，等. 基于蚁狮优化算法的风电集群储能容量配置优化方法[J]. 太阳能学报，2021,42(01):431-437.

[4] 王茜，何庆，林杰，等. 精英反向学习带扰动因子的混沌蚁狮优化算法[J]. 智能计算机与应用，2020,10(08):51-57.

[5] 赵世杰，高雷阜，于冬梅，等. 带混沌侦查机制的蚁狮优化算法优化 SVM 参数[J]. 计算机科学与探索，2016,10(05):722-731.

[6] 景坤雷，赵小国，张新雨，等. 具有 Levy 变异和精英自适应竞争机制的蚁狮优化算法[J]. 智能系统学报，2018,13(02):236-242.

[7] ARORA J. S. Introduction to Optimum Design[M]. America: Academic Press，2004.

[8] 胡志敏，颜学峰. 双层粒子群算法及应用于压力容器设计[J]. 计算机与应用化学，2012,29(09):111-114.

第 3 章　果蝇优化算法及其 MATLAB 实现

3.1　果蝇优化算法的基本原理

果蝇优化算法(Fruit Fly Optimization Algorithm，FOA)是 2011 年由潘文超提出的，该算法的核心思想是利用果蝇搜索食物的机制来对问题进行寻优。该算法具有非常好的全局最优特性。果蝇是一种生活在热带的动物，它一般根据气味来确定食物的位置。一般而言，食物腐烂程度越高，气味越大，果蝇对其越敏感。一般而言，食物的距离影响气味的浓度，距离越远，食物的气味浓度越低。果蝇一般是从低浓度区域向高浓度区域进行搜索的。果蝇一般能嗅到 30km 甚至超过 40km 远的食物源，然后通过敏锐的视觉器官系统再找到食物和其他同伴的位置，并快速地朝着该方向飞去。果蝇的觅食行为如图 3.1 所示。

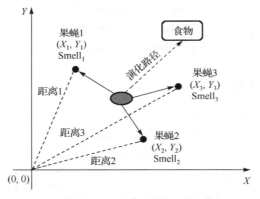

图 3.1　果蝇的觅食行为

3.1.1　果蝇初始化

每只果蝇的位置从一开始都是随机产生的，对每只果蝇通过气味确定食物的方向进行赋值，即

$$X(i) = X\_aixs + \text{randValue} \tag{3.1}$$

$$Y(i) = Y\_aixs + \text{randValue} \tag{3.2}$$

其中，i 表示第 i 只果蝇，randValue 为区间[-1,1]内的随机值，(X_aixs, Y_aixs) 为果蝇当前位置坐标。

3.1.2　果蝇通过气味寻找食物

起初，果蝇无法准确判断食物源的位置，因此果蝇需要先估算出个体与最初设立点之间的开始距离 Dist，接着把该距离代入式（3.4）计算求解出浓度判定值 S_i，该值是 Dist 的倒数。

$$\text{Dist} = \sqrt{X(i)^2 + Y(i)^2} \tag{3.3}$$

$$S_i = \frac{1}{\text{Dist}} \tag{3.4}$$

将味道浓度判定值 S_i 代入味道浓度的评定函数（适应度函数）式（3.5）中，计算出每只果蝇位置处的浓度值 Smell(i)，即

$$\text{Smell}(i) = \text{fit}(S_i) \tag{3.5}$$

然后找出那只味道浓度最优的果蝇及全局最优值，即

$$[\text{bestSmell bestindex}] = \min(\text{smell}(i)) \tag{3.6}$$

其中，bestSmell 表示最大浓度值，bestindex 表示浓度值最大位置处果蝇的索引。

3.1.3 果蝇位置更新

记录最优的味道浓度判断值 bestSmell 及对应的 X、Y 坐标位置，果蝇根据视觉器官发现食物并迅速飞向食物位置，并将该位置作为下一次迭代的初始位置。

$$\begin{cases} \text{Smellbest} = \text{bestSmell} \\ X\_\text{best} = X(\text{bestindex}) \\ Y\_\text{best} = Y(\text{bestindex}) \end{cases} \tag{3.7}$$

3.1.4 果蝇优化算法流程

果蝇优化算法流程图如图 3.2 所示。

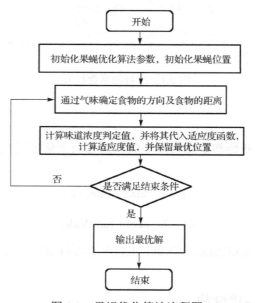

图 3.2 果蝇优化算法流程图

步骤 1：设定果蝇最大迭代次数 iterMax，种群规模为 pop，初始化果蝇群体的起飞位置 $X\_$aixs 与 $Y\_$aixs。

步骤 2：果蝇通过气味确定食物的方向及食物的距离。

步骤 3：计算浓度判定值，并将该值代入适应度函数，然后计算适应度值，并保留最优位置。

步骤 4：更新果蝇位置。

步骤 5：是否达到结束条件，若达到则输出最优解，否则重复步骤 1～5。

3.2　果蝇优化算法的 MATLAB 实现

3.2.1　果蝇位置初始化

3.2.1.1　MATLAB 相关函数

rand()函数是 MATLAB 自带的随机数生成函数，能生成区间[0,1]内的随机数。

```
>> rand()

ans =

    0.5640
```

若要一次性生成多个随机数，则可以这样使用 rand(row,col)，其中 row 与 col 分别代表行和列，如 rand(3,4)表示生成 3 行 4 列的范围在区间[0,1]内的随机数。

```
>> rand(3,4)

ans =

    0.1661    0.1130    0.4934    0.0904
    0.2506    0.8576    0.7964    0.4675
    0.2860    0.2406    0.5535    0.7057
```

若要生成指定范围的随机数，则可以利用如下表达式。

$$r = \mathrm{lb} + (\mathrm{ub} - \mathrm{lb}) \times \mathrm{rand}()$$

其中，ub 表示范围的上边界，lb 表示范围的下边界，例如，在区间[0,4]内生成 5 个随机数。

```
>> (4-0).*rand(1,5) + 0

ans =

    0.1692    2.9335    1.8031    2.0817    1.6938
```

3.2.1.2　编写果蝇种群位置初始化函数

定义果蝇种群位置初始化函数名称为 initialization，单独编写成一个函数并将该函数存放在 initialization.m 文件中。利用 3.2.1.1 节中的随机数生成方式，生成初始种群。

```
%% 果蝇位置初始化函数
function X = initialization(pop,ub,lb,dim)
```

```
%pop 为果蝇种群数量
%dim 为每只果蝇的维度
%ub 为每个维度的变量上边界，维度为[1,dim]
%lb 为每个维度的变量下边界，维度为[1,dim]
%X 为输出的果蝇 X 位置，维度为[pop,dim]
%Y 为输出的果蝇 Y 位置，维度为[pop,dim]
X = zeros(pop,dim); %X 事先分配空间
Y = zeros(pop,dim);%Y 事先分配空间
%随机生成 X 轴的位置
for i = 1:pop
  for j = 1:dim
      X(i,j) = (ub(j) - lb(j))*rand() + lb(j);  %生成区间[du,dl]内的随机数
  end
end
%随机生成 Y 轴位置
for i = 1:pop
  for j = 1:dim
      Y(i,j) = (ub(j) - lb(j))*rand() + lb(j);  %生成区间[lb,ub]内的随机数
  end
end
end
```

举例：设定种群数量为 10，每只果蝇维度均为 5，每个维度的边界均为[–5,5]，利用初始化函数初始化种群。

```
>> pop = 10;
dim = 5;
ub = [5,5,5,5,5];
lb = [-5,-5,-5,-5,-5];
[X,Y] = initialization(pop,ub,lb,dim)


X =

    3.1472    4.0579   -3.7301    4.1338    1.3236
   -4.0246   -2.2150    0.4688    4.5751    4.6489
   -3.4239    4.7059    4.5717   -0.1462    3.0028
   -3.5811   -0.7824    4.1574    2.9221    4.5949
    1.5574   -4.6429    3.4913    4.3399    1.7874
    2.5774    2.4313   -1.0777    1.5548   -3.2881
    2.0605   -4.6817   -2.2308   -4.5383   -4.0287
    3.2346    1.9483   -1.8290    4.5022   -4.6555
   -0.6126   -1.1844    2.6552    2.9520   -3.1313
   -0.1024   -0.5441    1.4631    2.0936    2.5469


Y =

   -2.2397    1.7970    1.5510   -3.3739   -3.8100
   -0.0164    4.5974   -1.5961    0.8527   -2.7619
```

2.5127	-2.4490	0.0596	1.9908	3.9090
4.5929	0.4722	-3.6138	-3.5071	-2.4249
3.4072	-2.4572	3.1428	-2.5648	4.2926
-1.5002	-3.0340	-2.4892	1.1604	-0.2671
-1.4834	3.3083	0.8526	0.4972	4.1719
-2.1416	2.5720	2.5373	-1.1955	0.6782
-4.2415	-4.4605	0.3080	2.7917	4.3401
-3.7009	0.6882	-0.3061	-4.8810	-1.6288

3.2.2 适应度函数

适应度函数即对应果蝇优化算法的浓度值计算函数，是优化问题的目标函数，根据不同应用设计相应的适应度函数。我们可以把自己设计的适应度函数单独写成一个函数，方便优化算法调用。一般将适应度函数命名为 fun，这里我们定义一个适应度函数并存放在 fun.m 文件中，这里适应度函数定义如下：

```
%% 适应度函数
function fitness = fun(x)
%x 为输入一只果蝇，维度为[1,dim]
%fitness 为输出的适应度值
    fitness = sum(x.^2);
end
```

这里我们的适应度值就是 x 所有值的平方和，如 $x = [1,2]$，那么经过适应度函数后得到的值为 5。

```
>> x = [1,2];
fitness = fun(x)

fitness =

    5
```

3.2.3 边界检查和约束

边界检查的作用是防止变量超过规定的范围，一般当变量大于上边界时，直接将其设置为上边界；当变量小于下边界时，直接将其设置为下边界。具体逻辑表达式如下：

$$val = \begin{cases} ub, & val > ub \\ lb, & val < lb \end{cases}$$

定义边界检查函数为 BoundaryCheck()，并将其保存为 BoundaryCheck.m 文件。

```
%% 边界检查函数
function [X] = BoundaryCheck(x,ub,lb,dim)
    %dim 为数据的维度大小
    %x 为输入数据，维度为[1,dim]
    %ub 为数据上边界，维度为[1,dim]
    %lb 为数据下边界，维度为[1,dim]
    for i = 1:dim
```

```
        if x(i)>ub(i)
           x(i) = ub(i);
        end
        if x(i)<lb(i)
           x(i) = lb(i);
        end
     end
     X = x;
  end
```

假设 $x=[1,-2,3,-4]$，定义的上边界为$[1,1,1,1]$，下边界为$[-1,-1,-1,-1]$。于是经过边界检查和约束后，X 应该为$[1,-1,1,-1]$。

```
>> dim = 4;
x = [1,-2,3,-4];
ub = [1,1,1,1];
lb = [-1,-1,-1,-1];
X = BoundaryCheck(x,ub,lb,dim)

X =

     1    -1     1    -1
```

3.2.4 果蝇优化算法代码

将整个果蝇优化算法定义为一个模块，模块名称函数为 FOA，并将其存储为 FOA.m 文件。整个果蝇优化算法的 MATLAB 代码编写如下：

```
%%---------------果蝇优化算法--------------------%%
%% 输入：
%   pop 为果蝇种群数量
%   dim 为单只果蝇的维度
%   ub 为果蝇上边界信息，维度为[1,dim]
%   lb 为果蝇下边界信息，维度为[1,dim]
%   fobj 为适应度函数接口
%   maxIter 为算法的最大迭代次数，用于控制算法的停止
%% 输出：
%   Best_Pos 为利用果蝇优化算法找到的最优位置
%   Best_fitness 为最优位置对应的适应度值
%   IterCurve 用于记录每次迭代的最优适应度值，即后续用来绘制迭代曲线
function [Best_Pos,Best_fitness,IterCurve] = FOA(pop,dim,ub,lb,fobj,
maxIter)

    % 初始化果蝇位置
    [X_axis,Y_axis] = initialization(pop,ub,lb,dim);
    Best_fitness = inf;%初始化最优适应度值
    X = zeros(pop,dim);
    Y = zeros(pop,dim);
    S = zeros(pop,dim);
```

```
    Dist = zeros(pop,dim);
    Smell = zeros(1,pop);
    IterCurve = zeros(1,maxIter);
    for t = 1:maxIter
        for i = 1:pop
            % 果蝇通过气味确定食物的方向
            X(i,:) = X_axis(i,:) + 2*rand(1,dim) -1;
            Y(i,:) = Y_axis(i,:) + 2*rand(1,dim) -1;
            Dist(i,:) = (X(i,:).^2 + Y(i,:).^2).^0.5;      %计算距离
            S(i,:) = 1./Dist(i,:);                          %计算距离的倒数
            S(i,:) = BoundaryCheck(S(i,:),ub,lb,dim);       %边界检查，防止越界
            Smell(i) = fobj(S(i,:));              %计算浓度值，即适应度值
        end
        [bestSmeall,bestindex] = min(Smell);   %寻找最优适应度值及对应的果蝇索引
        %保留最优初始位置和初始味道浓度
        for i = 1:pop
          X_axis(i,:) = X(bestindex,:);
          Y_axis(i,:) = Y(bestindex,:);
        end
        %保留全局最优值
        if bestSmeall < Best_fitness
            Best_fitness = bestSmeall;
            Best_Pos = S(bestindex,:);
        end
        %记录每次迭代的最优值
        IterCurve(t) = Best_fitness;
    end

end
```

3.2.5　改进果蝇优化算法代码

　　由果蝇优化算法的原始代码可以看出，在根据式（3.3）和式（3.4）经过求取距离倒数后，S_i 值在大部分情况下小于 1，使得最终的解也在 1 附近。那么对于搜索空间比较大的情况，会发现使用果蝇优化算法计算出来的解并不满足要求，为了适应任何搜索空间范围，将果蝇优化算法的代码更改如下：

```
%%--------------果蝇优化算法----------------------%%
%% 输入：
%   pop 为果蝇种群数量
%   dim 为单只果蝇的维度
%   ub 为果蝇上边界，维度为[1,dim]
%   lb 为果蝇下边界，维度为[1,dim]
%   fobj 为适应度函数接口
%   maxIter 为算法的最大迭代次数，用于控制算法的停止
%% 输出：
%   Best_Pos 为果蝇优化算法找到的最优位置
```

```matlab
%   Best_fitness 为最优位置对应的适应度值
%   IterCurve 用于记录每次迭代的最优适应度值，即后续用来绘制迭代曲线
function [Best_Pos,Best_fitness,IterCurve] = FOA(pop,dim,ub,lb,fobj,maxIter)

    % 初始化果蝇位置
    ub1 = ones(1,dim);
    lb1 = zeros(1,dim);
    [X_axis,Y_axis] = initialization(pop,ub1,lb1,dim);
    Best_fitness = inf;%初始化最优适应度值
    X = zeros(pop,dim);
    Y = zeros(pop,dim);
    S = zeros(pop,dim);
    Dist = zeros(pop,dim);
    Smell = zeros(1,pop);
    IterCurve = zeros(1,maxIter);
    for t = 1:maxIter
        for i = 1:pop
            % 果蝇通过气味确定食物的方向
            X(i,:) = X_axis(i,:) + 2.*rand(1,dim) -1;
            Y(i,:) = Y_axis(i,:) + 2*rand(1,dim) -1;
            Dist(i,:) = (X(i,:).^2 + Y(i,:).^2).^0.5;      %计算距离
            Temp = 1./Dist(i,:);                           %计算距离的倒数
            S(i,:) = Temp.*(ub - lb) + lb;                 %等比例放大到空间
            S(i,:) = BoundaryCheck(S(i,:),ub,lb,dim);      %边界检查，防止越界
            Smell(i) = fobj(S(i,:));          %计算浓度值，即适应度值
        end
        [bestSmeall,bestindex]=min(Smell);        %寻找最优适应度值及对应的果蝇索引
        %保留最优初始位置和初始味道浓度
        for i = 1:pop
            X_axis(i,:) = X(bestindex,:);
            Y_axis(i,:) = Y(bestindex,:);
        end
        if bestSmeall<Best_fitness
            Best_fitness = bestSmeall;
            Best_Pos = S(bestindex,:);
        end
        %记录每次迭代最优值
        IterCurve(t) = Best_fitness;
    end
end
```

对比代码可以看到，主要改进为：果蝇初始位置在区间[0,1]内产生，然后在求取距离倒数后，根据设定的边界[lb,ub]等比例放大距离的倒数，使得其值能够在设定的搜索空间内进行搜索。

至此，基本果蝇优化算法的代码编写完成，所有涉及果蝇优化算法的子函数都包括如图 3.3 所示的.m 文件。

BoundaryCheck.m	2021/3/13 12:55	MATLAB Code	1 KB
fun.m	2021/3/22 15:11	MATLAB Code	1 KB
initialization.m	2021/3/24 15:59	MATLAB Code	1 KB
FOA.m	2021/3/24 16:40	MATLAB Code	2 KB

图 3.3 .m 文件

下一节将讲解如何使用上述果蝇优化算法来解决优化问题。

3.3 果蝇优化算法的应用案例

3.3.1 求解函数极值

问题描述：求解一组 x_1, x_2，使得下面函数的值最小。

$$f(x_1, x_2) = x_1^2 + x_2^2$$

其中，x_1 与 x_2 的取值范围分别为[–10,10]，[–10,10]。

首先，我们可以利用 MATLAB 绘图的方式来查看搜索空间是什么，并绘制该函数搜索曲面，结果如图 3.4 所示。

```matlab
%% 绘制 f(x1,x2)的搜索曲面
x1 = -10:0.01:10;
x2 = -10:0.01:10;
for i = 1:size(x1,2)
    for j = 1:size(x2,2)
        X1(i,j) = x1(i);
        X2(i,j) = x2(j);
        f(i,j) = x1(i)^2 + x2(j)^2;
    end
end
surfc(X1,X2,f,'LineStyle','none'); %绘制搜索曲面
```

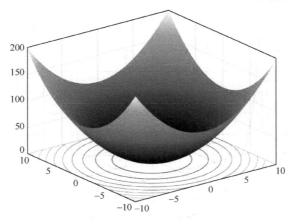

图 3.4 $f(x_1,x_2)$搜索曲面

从函数表达式和搜索空间可知，该函数的最小值为 0，最优解为 $x_1 = 0$，$x_2 = 0$。

利用果蝇优化算法对该问题进行求解，设置果蝇种群数量 pop 为 50，最大迭代次数

maxIter 为 100，由于是求解 x_1 与 x_2，因此将果蝇的维度 dim 设定为 2，果蝇上边界 ub =[10,10]，果蝇下边界 lb=[−10,−10]。根据问题设置适应度函数 fun.m 如下：

```
%% 适应度函数
function fitness = fun(x)
%x 为输入果蝇当前位置，维度为[1,dim]
%fitness 为输出的适应度值
    fitness = x(1)^2 + x(2)^2;
end
```

求解该问题的主函数 main.m 如下：

```
%% 利用果蝇优化算法求解 x1^2 + x2^2 的最小值
clc;clear all;close all;
%设定果蝇参数
pop = 50;                    %果蝇种群数量
dim = 2;                     %果蝇变量维度
ub = [10,10];                %果蝇上边界信息
lb = [-10,-10];              %果蝇下边界信息
maxIter = 100;               %最大迭代次数
fobj = @(x) fun(x);          %设置适应度函数为 fun(x)
%果蝇求解问题
[Best_Pos,Best_fitness,IterCurve] = FOA(pop,dim,ub,lb,fobj,maxIter)
%绘制迭代曲线
figure
plot(IterCurve,'r-','linewidth',1.5);
grid on;%网格开
title('果蝇迭代曲线')
xlabel('迭代次数')
ylabel('适应度值')
disp(['求解得到的 x1, x2 为：',num2str(Best_Pos(1)),'  ',num2str(Best_Pos(2))]);
disp(['最优解对应的函数值为：',num2str(Best_fitness)]);
```

程序运行结果如图 3.5 所示。

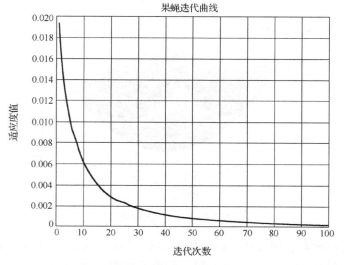

图 3.5　程序运行结果

程序输出结果如下：

求解得到的 x1，x2 为：0.010584   0.01047
最优解对应的函数值为：0.00022163

从果蝇优化算法寻优的结果来看，使用果蝇优化算法得到的最终值(0.010584,0.01047)，非常接近理论最优值(0, 0)，表明果蝇优化算法具有寻优能力强的特点。

3.3.2 带约束问题求解：基于果蝇优化算法的压力容器设计

3.3.2.1 问题描述

压力容器设计问题的目标是使压力容器制作（配对、成型和焊接）成本最低，压力容器示意图如图 3.6 所示，压力容器的两端都由顶盖封住，头部一端的封盖为半球状。L 是不考虑头部的圆柱体部分的截面长度，R 是圆柱体的内壁半径，T_s 和 T_h 分别表示圆柱体的壁厚和头部的壁厚，L、R、T_s 和 T_h 即为压力容器设计问题的 4 个优化变量。问题的目标函数表示如下：

$$x = [x_1, x_2, x_3, x_4] = [T_s, T_h, R, L]$$

$$\min f(x) = 0.6224x_1x_3x_4 + 1.7781x_2x_3^2 + 3.1661x_1^2x_4 + 19.84x_1^2x_3$$

目标函数的约束条件表示如下：

$$g_1(x) = -x_1 + 0.0193x_3 \leqslant 0$$

$$g_2(x) = -x_2 + 0.00954x_3 \leqslant 0$$

$$g_3(x) = -\pi x_3^2 - 4\pi x_3^3 / 3 + 129600 \leqslant 0$$

$$g_4(x) = x_4 - 240 \leqslant 0$$

$$0 \leqslant x_1 \leqslant 100, \quad 0 \leqslant x_2 \leqslant 100, \quad 10 \leqslant x_3 \leqslant 100, \quad 10 \leqslant x_4 \leqslant 100$$

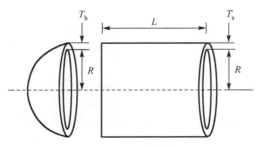

图 3.6 压力容器示意图

3.3.2.2 适应度函数设计

在该问题中，我们求解的问题是带约束条件的问题，其中约束条件为

$$0 \leqslant x_1 \leqslant 100, \quad 0 \leqslant x_2 \leqslant 100, \quad 10 \leqslant x_3 \leqslant 100, \quad 10 \leqslant x_4 \leqslant 100$$

通过果蝇优化算法寻优的边界对约束条件进行设置，即设置果蝇上边界为 ub=[100,100,

100,100]，果蝇的下边界为 lb =[0,0,10,10]。其中，需要在适应度函数中对 $g_1(x),g_2(x),g_3(x),g_4(x)$ 进行约束，若 x_1,x_2,x_3,x_4 不满足约束条件，则设置该适应度函数无效，并将其设置为 inf。定义适应度函数 fun.m 如下：

```matlab
% 压力容器适应度函数
function fitness = fun(x)
    x1 = x(1); %Ts
    x2 = x(2); %Th
    x3 = x(3); %R
    x4 = x(4); %L

    %% 约束条件判断
    g1 = -x1+0.0193*x3;
    g2 = -x2+0.00954*x3;
    g3 = -pi*x3^2-4*pi*x3^3/3+1296000;
    g4 = x4-240;
    if(g1 <= 0&&g2 <= 0&&g3 <= 0&&g4 <= 0)%若满足约束条件，则计算适应度值
        fitness = 0.6224*x1*x3*x4 + 1.7781*x2*x3^2 + 3.1661*x1^2*x4 +
19.84*x1^2*x3;
    else%否则适应度函数无效
        fitness = inf;
    end
end
```

3.3.2.3 果蝇优化算法主函数设计

通过上述分析，设置果蝇参数：果蝇种群数量 pop 为 50，最大迭代次数 maxIter 为 500，将果蝇的维度 dim 设定为 4（即 x_1, x_2, x_3, x_4），果蝇上边界 ub = [100,100,100,100]，果蝇下边界 lb=[0,0,10,10]，果蝇主函数 main.m 设计如下：

```matlab
%% 基于果蝇优化算法的压力容器设计
clc;clear all;close all;
%设定果蝇参数
pop = 50;                         %果蝇种群数量
dim = 4;                          %果蝇变量维度
ub = [100,100,100,100];           %果蝇上边界
lb = [0,0,10,10];                 %果蝇下边界
maxIter = 500;                    %最大迭代次数
fobj = @(x) fun(x);               %设置适应度函数为 fun(x)
%果蝇求解问题
[Best_Pos,Best_fitness,IterCurve] = FOA(pop,dim,ub,lb,fobj,maxIter);
%绘制迭代曲线
figure
plot(IterCurve,'r-','linewidth',1.5);
grid on;%网格开
title('果蝇迭代曲线')
xlabel('迭代次数')
```

```
    ylabel('适应度值')

    disp(['求解得到的 x1,x2,x3,x4 为:',num2str(Best_Pos(1)),'    ',num2str
(Best_Pos(2)),' ',num2str(Best_Pos(3)),' ',num2str(Best_Pos(4))]);
    disp(['最优解对应的函数值为：',num2str(Best_fitness)]);
```

程序输出结果如图 3.7 所示。

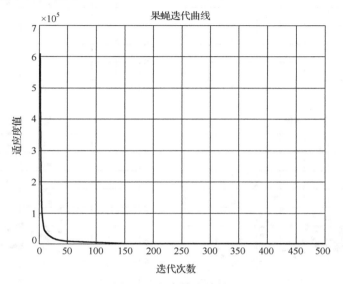

图 3.7   程序输出结果

程序输出结果如下：

```
求解得到的 x1,x2,x3,x4 为:1.3504    1.2221 67.4284 14.0102
最优解对应的函数值为：13193.8564
```

从图 3.7 上来看，压力容器的适应度值不断减小，表明果蝇优化算法不断地对参数进行优化。最终输出了一组满足约束条件的压力容器参数，对压力容器的设计具有指导意义。

3.4   果蝇优化算法的中间结果

为了更加直观地了解果蝇在每代的分布、前后迭代、果蝇距离值 S 的变化，以及每代中最佳距离值 S(best)，以 3.3.1 节中求函数极值为例，如图 3.8 所示，需要将果蝇优化算法的中间结果绘制出来。为了达到此目的，我们需要记录每代果蝇的距离位置（History Position），同时记录每代果蝇的最优距离位置（History Best），然后通过 MATLAB 绘图函数，将图像绘制出来。

从图 3.8 可以看出，随着迭代次数的增加，最优果蝇距离位置向最优位置(0,0)靠近，说明果蝇优化算法不断地朝着最优位置靠近。通过这种方式可以直观地看到果蝇的搜索过程，使得果蝇优化算法变得更加直观。

同理，我们也可以把最优果蝇距离位置对应的 X 与 Y 两个空间坐标系下的运动轨迹绘制出来，如图 3.9 所示。

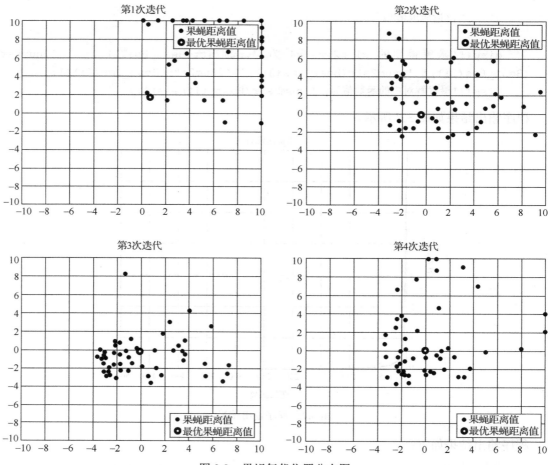

图 3.8　果蝇每代位置分布图

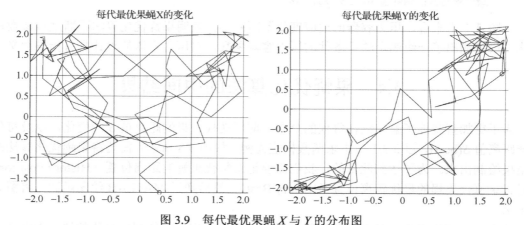

图 3.9　每代最优果蝇 X 与 Y 的分布图

记录每代果蝇位置的 MATLAB 代码如下：

```
%%----------------果蝇优化算法----------------%%
%% 输入：
%   pop 为果蝇种群数量
```

```matlab
%   dim 为单只果蝇的维度
%   ub 为果蝇上边界信息，维度为[1,dim]
%   lb 为果蝇下边界信息，维度为[1,dim]
%   fobj 为适应度函数接口
%   maxIter 为算法的最大迭代次数，用于控制算法的停止
%% 输出：
%   Best_Pos 为果蝇优化算法找到的最优位置
%   Best_fitness 为最优位置对应的适应度值
%   IterCurve 用于记录每次迭代的最优适应度值，即后续用来绘制迭代曲线
%   HistoryPosition 用于记录每代果蝇的距离位置
%   HistoryBest 用于记录每代果蝇的最优距离位置
%   BestX 最优果蝇距离位置，对应 X 轴的位置
%   BestY 最优果蝇距离位置，对应 Y 轴的位置
function [Best_Pos,Best_fitness,IterCurve,HistoryPosition,HistoryBest,
BestX,BestY] = FOA(pop,dim,ub,lb,fobj,maxIter)

    % 初始化果蝇位置
    ub1 = ones(1,dim);
    lb1 = zeros(1,dim);
    [X_axis,Y_axis] = initialization(pop,ub1,lb1,dim);
    Best_fitness = inf;%初始化最优适应度值
    X = zeros(pop,dim);
    Y = zeros(pop,dim);
    S = zeros(pop,dim);
    Dist = zeros(pop,dim);
    Smell = zeros(1,pop);
    IterCurve = zeros(1,maxIter);
    for t = 1:maxIter
        for i = 1:pop
            % 果蝇通过气味确定食物的方向
            X(i,:) = X_axis(i,:) + 2.*rand(1,dim) -1;
            Y(i,:) = Y_axis(i,:) + 2*rand(1,dim) -1;
            Dist(i,:) = (X(i,:).^2 + Y(i,:).^2).^0.5;      %计算距离
            Temp = 1./Dist(i,:);                           %计算距离的倒数
            S(i,:) = Temp.*(ub - lb) + lb;                 %等比例放大到空间
            S(i,:) = BoundaryCheck(S(i,:),ub,lb,dim);      %边界检查，防止越界
            Smell(i) = fobj(S(i,:));              %计算浓度值，即适应度值
        end
        [bestSmeall,bestindex]=min(Smell);       %寻找最优适应度值及对应的果蝇索引
        %保留最优初始位置和初始味道浓度
        for i = 1:pop
            X_axis(i,:) = X(bestindex,:);
            Y_axis(i,:) = Y(bestindex,:);
        end
        if bestSmeall < Best_fitness
            Best_fitness = bestSmeall;
            Best_Pos = S(bestindex,:);
```

```
        end
          BestXTemp = X(bestindex,:);
            BestYTemp = Y(bestindex,:);
        %记录距离值
        HistoryPosition{t} = S;
        HistoryBest{t} = Best_Pos;
        BestX{t} = BestXTemp;
        BestY{t} = BestYTemp;
        %记录每次迭代最优值
        IterCurve(t) = Best_fitness;
    end
end
```

绘制每代果蝇距离分布的绘图函数代码如下：

```
%% 绘制每代果蝇距离的分布
for i = 1:maxIter
    Position = HistoryPosition{i};      %获取当前代的位置
    BestPosition = HistoryBest{i};      %获取当前代的最优位置
    figure(3)
    plot(Position(:,1),Position(:,2),'*','linewidth',3);
    hold on;
     plot(BestPosition(1),BestPosition(2),'ro','linewidth',3);
    grid on;
    axis([-10 10,-10,10])
    legend('果蝇距离值','最优果蝇距离值');
    title(['第',num2str(i),'次迭代']);
    hold off
end
%% 绘制每代最优果蝇 X 的位置变化
for i = 1:maxIter
    X(i,:) = BestX{i};                      %获取当前代 X 位置
end
figure(4)
comet(X(:,1),X(:,2));
grid on;
hold off
title('每代最优果蝇 X 的变化');

%% 绘制每代最优果蝇 Y 的位置变化
for i = 1:maxIter
    Y(i,:) = BestY{i};                      %获取当前代 Y 位置
end
figure(5)
comet(Y(:,1),Y(:,2));
grid on;
hold off
title('每代最优果蝇 Y 的位置变化');
```

参 考 文 献

[1] PAN W T. A New Evolutionary Computation Approach: Fruit Fly Optimization Algorithm[C]. 2011 Conference of Digital Technology and Innovation Management, Taipei, 2011.

[2] PAN W T. A new Fruit Fly Optimization Algorithm: Taking the financial distress model as an example[J]. Knowledge-Based Systems, 2012, 26(none):69-74.

[3] 李士勇，李研，林永茂. 智能优化算法与涌现计算[M]. 北京：清华大学出版社，2019.

[4] 霍慧慧. 果蝇优化算法及其应用研究[D]. 太原：太原理工大学，2015.

[5] 杜晓东. 果蝇优化算法在配电网规划中的应用[D]. 北京：华北电力大学，2014.

[6] 吴小文，李擎. 果蝇优化算法和 5 种群智能算法的寻优性能研究[J]. 火力与指挥控制，2013,38(04):17-20+25.

[7] 张勇，夏树发，唐冬生. 果蝇优化算法对多峰函数求解性能的仿真研究[J]. 暨南大学学报（自然科学与医学版），2014,35(01):82-87.

[8] 宁剑平，王冰，李洪儒，等. 递减步长果蝇优化算法及应用[J].深圳大学学报（理工版），2014，31(04):367-373.

[9] 丁国绅，邹海.新型改进果蝇优化算法[J].计算机工程与应用，2016, 52(21):168-174.

[10] 朱志同，郭星，李炜. 新型果蝇优化算法的研究[J]. 计算机工程与应用，2017, 53(06):40-45+59.

[11] 朱富占，邹海，丁国绅. 改进的变步长果蝇优化算法[J]. 微电子学与计算机，2018, 35(06):36-40.

[12] 包华晟，吴斌，董敏. 基于果蝇优化算法的越库调度问题[J].计算机工程与设计，2016, 37(12):3295-3299.

[13] ARORA J. S. Introduction to Optimum Design[M]. America: Academic Press, 2004.

[14] 胡志敏，颜学峰. 双层粒子群算法及应用于压力容器设计[J]. 计算机与应用化学，2012, 29(09): 111-114.

第4章 萤火虫优化算法及其MATLAB实现

4.1 萤火虫优化算法的基本原理

萤火虫优化算法（Fire-fly Optimization Algorithm，FA）是2008年由英国剑桥大学学者Xin-She Yang提出来的。在萤火虫优化算法中，萤火虫发出光亮的主要目的是作为一个信号系统，以吸引其他萤火虫个体，其假设条件如下：

（1）萤火虫不分雌雄，并且将会被吸引到其他比它更亮的萤火虫那里去。

（2）萤火虫的吸引力与其自身亮度成正比，对于任何两只萤火虫，其中一只会向着比它更亮的另一只移动。然而，亮度是随着距离的增大而减弱的。

（3）若没有找到一个比给定的萤火虫更亮的萤火虫，则该萤火虫会随机移动。

如上所述：萤火虫优化算法包含两个要素，即亮度和吸引度。亮度体现了萤火虫所处位置的远近并决定其移动方向，吸引度决定了萤火虫移动的距离，通过亮度和吸引度的不断更新，从而实现目标优化。从数学角度对萤火虫优化算法的主要参数进行如下描述。

4.1.1 萤火虫的相对亮度计算

萤火虫的相对亮度为

$$I = I_0 e^{-\gamma r_{i,j}} \tag{4.1}$$

其中，I_0为萤火虫的最大亮度，与目标函数值相关，目标函数值越大，其自身亮度越强；γ为光强吸收系数，亮度会随着距离的增大和传播媒介的吸收而逐渐减弱；$r_{i,j}$为萤火虫i与萤火虫j的空间距离。

$$r_{i,j} = \| x_i - x_j \| \tag{4.2}$$

4.1.2 萤火虫的吸引度计算

萤火虫的吸引度为

$$\beta = \beta_0 e^{-\gamma r_{i,j}^2} \tag{4.3}$$

其中，β_0为最大吸引度；γ为光强吸收系数，亮度会随着距离的增大和传播媒介的吸收而逐渐减弱；$r_{i,j}$为萤火虫i与萤火虫j的空间距离。

4.1.3 萤火虫的位置更新

萤火虫i被吸引，向萤火虫j移动的位置更新公式为

$$x_i = x_i + \beta \times (x_j - x_i) + \alpha \times \text{rand} \tag{4.4}$$

其中，x_i，x_j分别为萤火虫i和萤火虫j所处的空间位置；α为步长因子，取值范围为[0,1]；rand为在区间[0,1]内分布的均匀随机数。

4.1.4　萤火虫优化算法流程

萤火虫优化算法流程图如图 4.1 所示。

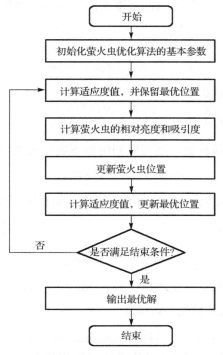

图 4.1　萤火虫优化算法流程图

萤火虫的算法步骤如下：

步骤 1：初始化萤火虫优化算法的基本参数。

步骤 2：萤火虫位置随机初始化，计算适应度值，并保留最优位置。

步骤 3：计算萤火虫的相对亮度 I 和吸引度 β。

步骤 4：根据萤火虫位置更新公式，更新萤火虫位置。

步骤 5：计算适应度值，更新最优位置。

步骤 6：判断是否达到最大迭代次数，若达到，则输出最优位置；否则重复步骤 2～6。

4.2　萤火虫优化算法的 MATLAB 实现

4.2.1　萤火虫位置初始化

4.2.1.1　MATLAB 相关函数

rand()函数是 MATLAB 自带的随机数生成函数，能生成区间[0,1]内的随机数。

```
>> rand()

ans =
```

```
        0.5640
```

若要一次性生成多个随机数，可以这样使用函数 rand(row,col)，其中 row 与 col 分别表示行和列，如 rand(3,4)表示生成 3 行 4 列的范围在区间[0,1]内的随机数。

```
>> rand(3,4)

ans =

    0.1661    0.1130    0.4934    0.0904
    0.2506    0.8576    0.7964    0.4675
    0.2860    0.2406    0.5535    0.7057
```

若要生成指定范围内的随机数，则可以利用如下表达式表示

$$r = \text{lb} + (\text{ub} - \text{lb}) \times \text{rand}()$$

其中，ub 表示范围的上边界，lb 表示范围的下边界，如在区间[0,4]内生成 5 个随机数。

```
>> (4-0).*rand(1,5)+ 0

ans =

    0.1692    2.9335    1.8031    2.0817    1.6938
```

4.2.1.2　萤火虫种群位置初始化函数编写

定义萤火虫种群位置初始化函数名称为 initialization，并单独编写成一个函数，将其存放在 initialization.m 文件中。利用 4.2.1.1 节中的随机数生成方式，生成初始种群。

```
%% 种群初始化函数
function X = initialization(pop,ub,lb,dim)
    %pop 为萤火虫种群数量
    %dim 为每只萤火虫的维度
    %ub 为每个维度变量的上边界，维度为[1,dim]
    %lb 为每个维度变量的下边界，维度为[1,dim]
    %X 为输出的种群，维度为[pop,dim]
    X = zeros(pop,dim); %为 X 事先分配空间
    for i = 1:pop
        for j = 1:dim
            X(i,j)= (ub(j)- lb(j))*rand()+ lb(j);   %生成区间[lb,ub]内的随机数
        end
    end
end
```

举例：设定种群数量为 10，每只萤火虫维度均为 5，每个维度的边界均为[-5,5]，利用初始化函数初始化种群。

```
>> pop = 10;
dim = 5;
ub = [5,5,5,5,5];
lb = [-5,-5,-5,-5,-5];
[X,Y] = initialization(pop,ub,lb,dim)
```

```
X =

     3.1472     4.0579    -3.7301     4.1338     1.3236
    -4.0246    -2.2150     0.4688     4.5751     4.6489
    -3.4239     4.7059     4.5717    -0.1462     3.0028
    -3.5811    -0.7824     4.1574     2.9221     4.5949
     1.5574    -4.6429     3.4913     4.3399     1.7874
     2.5774     2.4313    -1.0777     1.5548    -3.2881
     2.0605    -4.6817    -2.2308    -4.5383    -4.0287
     3.2346     1.9483    -1.8290     4.5022    -4.6555
    -0.6126    -1.1844     2.6552     2.9520    -3.1313
    -0.1024    -0.5441     1.4631     2.0936     2.5469


Y =

    -2.2397     1.7970     1.5510    -3.3739    -3.8100
    -0.0164     4.5974    -1.5961     0.8527    -2.7619
     2.5127    -2.4490     0.0596     1.9908     3.9090
     4.5929     0.4722    -3.6138    -3.5071    -2.4249
     3.4072    -2.4572     3.1428    -2.5648     4.2926
    -1.5002    -3.0340    -2.4892     1.1604    -0.2671
    -1.4834     3.3083     0.8526     0.4972     4.1719
    -2.1416     2.5720     2.5373    -1.1955     0.6782
    -4.2415    -4.4605     0.3080     2.7917     4.3401
    -3.7009     0.6882    -0.3061    -4.8810    -1.6288
```

4.2.2 适应度函数

适应度函数即是优化问题的目标函数，根据不同应用设计相应的适应度函数。我们可以把自己设计的适应度函数单独写成一个函数，方便优化算法调用。一般将适应度函数命名为 fun，这里我们定义一个适应度函数，并将其存放在 fun.m 文件中，这里适应度函数定义如下：

```
%% 适应度函数
function fitness = fun(x)
    %x 为输入一只萤火虫，维度为[1,dim]
    %fitness 为输出的适应度值
        fitness = sum(x.^2);
end
```

这里我们的适应度值就是 x 所有值的平方和，如 $x = [1,2]$，那么经过适应度函数计算后得到的值为 5。

```
>> x = [1,2];
fitness = fun(x)


fitness =

    5
```

4.2.3 边界检查和约束

边界检查的作用是防止变量超过规定的范围，一般当变量大于上边界时，直接将其设置为上边界；当变量小于下边界时，直接将其设置为下边界。具体逻辑表达式如下：

$$val = \begin{cases} ub, & val > ub \\ lb, & val < lb \end{cases}$$

定义边界检查函数为 BoundaryCheck()，并将其保存为 BoundaryCheck.m 文件。

```matlab
%% 边界检查函数
function [X] = BoundaryCheck(x,ub,lb,dim)
    %dim 为数据维度的大小
    %x 为输入数据，维度为[1,dim]
    %ub 为数据上边界，维度为[1,dim]
    %lb 为数据下边界，维度为[1,dim]
    for i = 1:dim
        if x(i) > ub(i)
            x(i) = ub(i);
        end
        if x(i) < lb(i)
            x(i) = lb(i);
        end
    end
    X = x;
end
```

假设 $x = [1,-2,3,-4]$，定义的上边界为[1,1,1,1]，下边界为[-1,-1,-1,-1]。于是经过边界检查和约束后，X 应该为[1,-1,1,-1]。

```matlab
>> dim = 4;
x = [1,-2,3,-4];
ub = [1,1,1,1];
lb = [-1,-1,-1,-1];
X = BoundaryCheck(x,ub,lb,dim)

X =

    1    -1     1    -1
```

4.2.4 萤火虫优化算法代码

将整个萤火虫优化算法定义为一个模块，模块名称函数为 FA，并将其存储为 FA.m 文件。整个萤火虫优化算法的 MATLAB 代码编写如下：

```matlab
%%--------------萤火虫优化算法----------------%%
%% 输入：
%   pop 为萤火虫种群数量
%   dim 为单只萤火虫的维度
```

```matlab
%    ub 为萤火虫上边界，维度为[1,dim]
%    lb 为萤火虫下边界，维度为[1,dim]
%    fobj 为适应度函数接口
%    maxIter 为算法的最大迭代次数，用于控制算法的停止
%% 输出：
%    Best_Pos 为萤火虫优化算法找到的最优位置
%    Best_fitness 为最优位置对应的适应度值
%    IterCurve 用于记录每次迭代的最优适应度值，即后续用来绘制迭代曲线
function [Best_Pos,Best_fitness,IterCurve] = FA(pop,dim,ub,lb,fobj,
maxIter)
    beta0=2;                    %最大吸引度
    gamma = 1;                  %光强吸收系数
    alpha = 0.2;                %步长因子
    alpha_damp = 0.98;          %步长下降因子
    %空间最大距离，上下边界之间的距离，用于后面距离归一化
    dmax = norm(ub - lb);
    %% 初始化种群位置
    X = initialization(pop,ub,lb,dim);
    %% 计算适应度值
    fitness = zeros(1,pop);
    for i = 1:pop
        fitness(i)= fobj(X(i,:));
    end
    %% 记录初始全局最优解，默认优化最小值
    %寻找适应度值最小的位置
    [~,index] = min(fitness);
    %记录适应度值和位置
    gBestFitness = fitness(index);
    gBest = X(index,:);
    Xnew = X;%用于记录新位置
    %开始迭代
    for t = 1:maxIter
        for i = 1:pop
            for j = 1:pop
                if fitness(j)<fitness(i)
                    %计算距离
                    rij = norm(X(i,:)- X(j,:))./dmax;
                    %计算吸引度
                    beta = beta0*exp(-gamma*rij^2);
                    %更新萤火虫位置
                    newSolution = X(i,:)+ beta*rand(1,dim).*(X(j,:)-X(i,:))+
alpha.*rand(1,dim);
                    %位置边界检查及约束
                    newSolution = BoundaryCheck(newSolution,ub,lb,dim);
                    newSFitness = fobj(newSolution);
                    %更新萤火虫位置
                    if newSFitness<fitness(i)
```

```matlab
                              Xnew(i,:)= newSolution;
                              fitness(i)= newSFitness;
                              if newSFitness<gBestFitness
                                  gBestFitness = newSFitness;
                                  gBest = newSolution;
                              end
                          end
                      end
                  end
              end
%将更新后的位置与历史位置合并，选取最优的 pop 只萤火虫作为下次迭代的初始种群
          P = [X;Xnew];
          for i = 1:2*pop
              Pfit(i)= fobj(P(i,:));
          end
          [~,sortIndex] = sort(Pfit); %适应度值排序
          X = P(sortIndex(1:pop),:);      %选取靠前的 pop 只萤火虫，作为下次初始种群
          IterCurve(t)= gBestFitness;
      end
      Best_Pos = gBest;
      Best_fitness = gBestFitness;
end
```

其中，使用函数 norm() 求两组向量之间的距离。函数 norm() 的用法为：n=norm(A, p)，其功能是计算几种不同类型的矩阵范数，根据 p 的不同可得到不同的范数。函数 norm() 默认为二范式。例如，设向量 A =[1,2]，B=[2,1]，两组向量之间的距离为 diff = sqrt((1-2)^2 + (2-1)^2)= 1.414. 利用函数 norm() 进行计算。

```matlab
>> A = [1,2];
B = [2,1];
diff = norm(A-B)

diff =

    1.4142
```

至此，基本萤火虫优化算法的代码编写完成，所有涉及萤火虫优化算法的子函数均包括如图 4.2 所示的.m 文件。

BoundaryCheck.m	2021/3/13 12:55	MATLAB Code	1 KB
initialization.m	2021/4/9 16:24	MATLAB Code	1 KB
FA.m	2021/4/9 16:46	MATLAB Code	3 KB
main.m	2021/4/9 16:49	MATLAB Code	1 KB
fun.m	2021/4/9 16:49	MATLAB Code	1 KB

图 4.2   .m 文件

下一节将讲解如何使用上述萤火虫优化算法来解决优化问题。

4.3　萤火虫优化算法的应用案例

4.3.1　求解函数极值

问题描述：求解一组 x_1, x_2，使得下面函数的值最小。

$$f(x_1, x_2) = x_1^2 + x_2^2$$

其中，x_1 与 x_2 的取值范围分别为$[-10, 10]$，$[-10, 10]$。

首先，我们可以利用 MATLAB 绘图的方式来查看搜索空间是什么，并绘制该函数的搜索曲面，结果如图 4.3 所示。

```
%% 绘制 f(x1,x2)的搜索曲面
x1 = -10:0.01:10;
x2 = -10:0.01:10;
for i= 1:size(x1,2)
    for j = 1:size(x2,2)
        X1(i,j) = x1(i);
        X2(i,j) = x2(j);
        f(i,j) = x1(i)^2 + x2(j)^2;
    end
end
surfc(X1,X2,f,'LineStyle','none'); %绘制搜索曲面
```

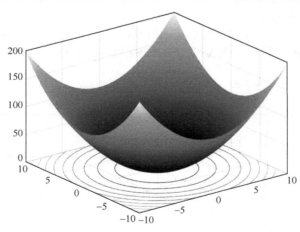

图 4.3　$f(x_1, x_2)$搜索曲面

从函数表达式和搜索空间可知，该函数的最小值为 0，最优解为 $x_1 = 0$，$x_2 = 0$。

利用萤火虫优化算法对该问题进行求解，设置萤火虫种群数量 pop 为 50，最大迭代次数 maxIter 为 100，由于是求解 x_1 与 x_2，因此将萤火虫的维度 dim 设为 2，萤火虫上边界 ub =[10,10]，下边界 lb=[-10,-10]。根据问题设计如下适应度函数 fun.m：

```
%% 适应度函数
function fitness = fun(x)
```

```
        %x 为输入萤火虫当前位置，维度为[1,dim]
        %fitness 为输出的适应度值
            fitness = x(1)^2 + x(2)^2;
    end
```

求解该问题的主函数 main.m 如下：

```
%% 萤火虫优化算法求解 x1^2 + x2^2 的最小值
clc;clear all;close all;
%设定萤火虫参数
pop = 50;                    %萤火虫种群数量
dim = 2;                     %萤火虫变量维度
ub = [10,10];                %萤火虫上边界
lb = [-10,-10];              %萤火虫下边界
maxIter = 100;               %最大迭代次数
fobj = @(x)fun(x);           %设置适应度函数为 fun(x)
%利用萤火虫优化算法求解问题
[Best_Pos,Best_fitness,IterCurve] = FA(pop,dim,ub,lb,fobj,maxIter);
%绘制迭代曲线
figure
plot(IterCurve,'r-','linewidth',1.5);
grid on;%网格开
title('萤火虫迭代曲线')
xlabel('迭代次数')
ylabel('适应度值')
disp(['求解得到的 x1，x2 为：',num2str(Best_Pos(1)),'  ',num2str(Best_Pos(2))]);
disp(['最优解对应的函数值为：',num2str(Best_fitness)]);
```

程序运行结果如图 4.4 所示。

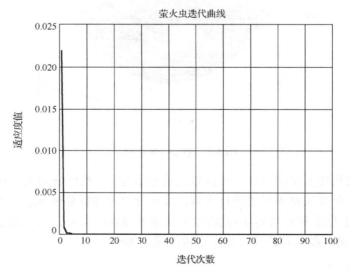

图 4.4　程序运行结果

输出的结果如下：

```
求解得到的 x1，x2 为: 0.0012132   -0.00038834
最优解对应的函数值为: 1.6227e-06
```

从萤火虫优化算法寻优的结果来看，利用萤火虫优化算法得到的最终值(0.0012132, –0.00038834)，非常接近理论最优值(0, 0)，表明萤火虫优化算法具有寻优能力强的特点。

4.3.2 带约束问题求解：基于萤火虫优化算法的压力容器设计

4.3.2.1 问题描述

压力容器设计问题的目标是使压力容器制作（配对、成型和焊接）成本最低，压力容器示意图如图 4.5 所示，压力容器的两端都由顶盖封住，头部一端的封盖为半球状。L 是不考虑头部的圆柱体部分的截面长度，R 是圆柱体的内壁半径，T_s 和 T_h 分别表示圆柱体壁厚和头部的壁厚，L、R、T_s 和 T_h 即为压力容器设计问题的 4 个优化变量。问题的目标函数表示为

$$x = [x_1, x_2, x_3, x_4] = [T_s, T_h, R, L]$$

$$\min f(x) = 0.6224x_1x_3x_4 + 1.7781x_2x_3^2 + 3.1661x_1^2x_4 + 19.84x_1^2x_3$$

目标函数的约束条件表示为

$$g_1(x) = -x_1 + 0.0193x_3 \leqslant 0$$

$$g_2(x) = -x_2 + 0.00954x_3 \leqslant 0$$

$$g_3(x) = -\pi x_3^2 - 4\pi x_3^3 / 3 + 129600 \leqslant 0$$

$$g_4(x) = x_4 - 240 \leqslant 0$$

$$0 \leqslant x_1 \leqslant 100, \quad 0 \leqslant x_2 \leqslant 100, \quad 10 \leqslant x_3 \leqslant 100, \quad 10 \leqslant x_4 \leqslant 100$$

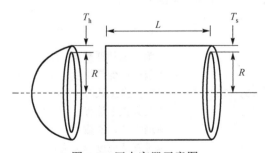

图 4.5 压力容器示意图

4.3.2.2 适应度函数设计

在该问题中，我们求解的问题是带约束条件的问题，其中约束条件为

$$0 \leqslant x_1 \leqslant 100, \quad 0 \leqslant x_2 \leqslant 100, \quad 10 \leqslant x_3 \leqslant 100, \quad 10 \leqslant x_4 \leqslant 100$$

通过萤火虫优化算法寻优的边界进行设置，即设置萤火虫上边界 ub=[100,100,100,100]，

下边界 lb =[0,0,10,10]。其中，需要在适应度函数中对 $g_1(x), g_2(x), g_3(x), g_4(x)$ 进行约束，若 x_1, x_2, x_3, x_4 不满足约束条件，则设置该适应度函数无效，并将其设置为 inf。定义适应度函数 fun.m 如下：

```matlab
% 压力容器适应度函数
function fitness = fun(x)
    x1 = x(1); %Ts
    x2 = x(2); %Th
    x3 = x(3); %R
    x4 = x(4); %L


    %% 约束条件判断
    g1 = -x1+0.0193*x3;
    g2 = -x2+0.00954*x3;
    g3 = -pi*x3^2-4*pi*x3^3/3+1296000;
    g4 = x4-240;
    if(g1 <= 0&&g2 <= 0&&g3 <= 0&&g4 <= 0)%若满足约束条件，则计算适应度值
        fitness = 0.6224*x1*x3*x4 + 1.7781*x2*x3^2 + 3.1661*x1^2*x4 +
19.84*x1^2*x3;
    else%否则适应度函数无效
        fitness = inf;
    end
end
```

4.3.2.3 萤火虫优化算法主函数设计

通过上述分析，可以设置萤火虫优化算法的基本参数为：设萤火虫种群数量 pop 为 50，最大迭代次数 maxIter 为 500，萤火虫的维度 dim 为 4 (x_1, x_2, x_3, x_4)，萤火虫上边界 ub =[100,100,100,100]，下边界 lb=[0,0,10,10]，萤火虫主函数 main.m 设计如下：

```matlab
%% 基于萤火虫优化算法的压力容器设计
clc;clear all;close all;
%设定萤火虫参数
pop = 50;                    %萤火虫种群数量
dim = 4;                     %萤火虫变量维度
ub =[100,100,100,100];       %萤火虫上边界
lb = [0,0,10,10];            %萤火虫下边界
maxIter = 500;               %最大迭代次数
fobj = @(x)fun(x);           %设置适应度函数为 fun(x)
%萤火虫求解问题
[Best_Pos,Best_fitness,IterCurve] = FA(pop,dim,ub,lb,fobj,maxIter);
%绘制迭代曲线
figure
plot(IterCurve,'r-','linewidth',1.5);
grid on;%网格开
title('萤火虫迭代曲线')
```

```
    xlabel('迭代次数')
    ylabel('适应度值')

    disp(['求解得到的x1,x2,x3,x4 为:',num2str(Best_Pos(1)),' ',num2str(Best_Pos(2)),
' ',num2str(Best_Pos(3)),' ',num2str(Best_Pos(4))]);
    disp(['最优解对应的函数值为: ',num2str(Best_fitness)]);
```

程序运行结果如图 4.6 所示。

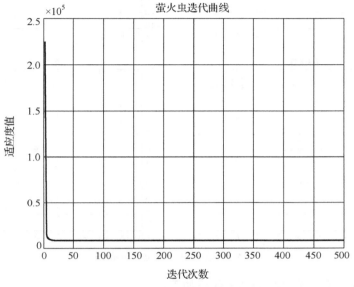

图 4.6 程序运行结果

输出结果如下：

```
    求解得到的 x1,x2,x3,x4 为:1.3284    0.65921 67.8806 10.16
    最优解对应的函数值为：8404.4423
```

从收敛曲线上来看，压力容器适应度函数值不断减小，表明萤火虫优化算法不断地对参数进行优化。最终输出一组满足约束条件的压力容器参数，对压力容器的设计具有指导意义。

4.4 萤火虫优化算法的中间结果

为了更加直观地了解萤火虫在每代的分布、前后迭代、萤火虫的位置变化，以 4.3.1 节中求函数极值为例，如图 4.7 所示，需要将萤火虫优化算法的中间结果绘制出来。为了达到此目的，我们需要记录每代萤火虫的位置（History Position），同时记录每代最优萤火虫的位置（History Best），然后通过 MATLAB 绘图函数，将图像绘制出来。

从图 4.7 可以看出，随着迭代次数的增加，最优萤火虫的位置向最优位置(0,0)靠近，说明萤火虫优化算法不断地朝着最优位置靠近。通过这种方式可以直观地看到萤火虫优化算法的搜索过程。使萤火虫优化算法变得更加直观。

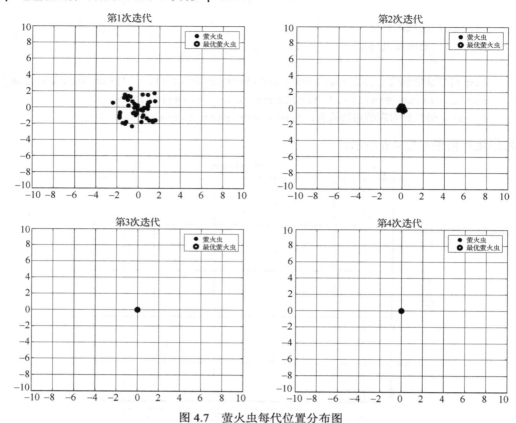

图 4.7　萤火虫每代位置分布图

记录每代萤火虫位置的 MATLAB 代码如下：

```
%%---------------萤火虫优化算法----------------------%%
%% 输入:
%   pop 为萤火虫种群数量
%   dim 为单只萤火虫的维度
%   ub 为萤火虫上边界，维度为[1,dim]
%   lb 为萤火虫下边界，维度为[1,dim]
%   fobj 为适应度函数接口
%   maxIter 为算法的最大迭代次数，用于控制算法的停止
%% 输出:
%   Best_Pos 为使用萤火虫优化算法找到的最优位置
%   Best_fitness 最优位置对应的适应度值
%   IterCurve 用于记录每次迭代的最优适应度值，即后续用来绘制迭代曲线
%   HistoryPosition 用于记录每代萤火虫的位置
%   HistoryBest 用于记录每代萤火虫的最优位置
function [Best_Pos,Best_fitness,IterCurve,HistoryPosition,HistoryBest]
= FA(pop,dim,ub,lb,fobj,maxIter)
    beta0 = 2;              %最大吸引度
    gamma = 1;              %光强吸收系数
    alpha = 0.2;            %步长因子
    alpha_damp = 0.98;   q %步长下降因子
    %空间最大距离，上下边界之间的距离，用于后面距离归一化
```

```matlab
    dmax = norm(ub - lb);
%% 初始化萤火虫位置
X = initialization(pop,ub,lb,dim);
%% 计算适应度值
fitness = zeros(1,pop);
for i = 1:pop
    fitness(i) = fobj(X(i,:));
end
%% 记录初始全局最优解，默认优化最小值
%寻找适应度值最小的位置
[~,index] = min(fitness);
%记录适应度值和位置
gBestFitness = fitness(index);
gBest = X(index,:);
Xnew = X;%用于记录新位置
%开始迭代
for t = 1:maxIter
    for i = 1:pop
        for j = 1:pop
            if fitness(j) < fitness(i)
                %计算距离
                rij = norm(X(i,:)- X(j,:))./dmax;
                %计算吸引度
                beta = beta0*exp(-gamma*rij^2);
                %更新萤火虫位置
                newSolution = X(i,:)+ beta*rand(1,dim).*(X(j,:)-X(i,:))+
alpha.*rand(1,dim);
                %位置边界检查及约束
                newSolution = BoundaryCheck(newSolution,ub,lb,dim);
                newSFitness = fobj(newSolution);
                %更新萤火虫位置
                if newSFitness < fitness(i)
                    Xnew(i,:) = newSolution;
                    fitness(i) = newSFitness;
                    if newSFitness < gBestFitness
                        gBestFitness = newSFitness;
                        gBest = newSolution;
                    end
                end
            end
        end
    end
%将更新后的位置与历史位置合并，选取最优的 pop 只萤火虫作为下次迭代的初始种群
    P = [X;Xnew];
    for i = 1:2*pop
        Pfit(i) = fobj(P(i,:));
    end
```

```
    [~,sortIndex] = sort(Pfit);           %适应度值排序
    X = P(sortIndex(1:pop),:);            %选取靠前的 pop 只萤火虫，作为下次初始种群
    IterCurve(t)= gBestFitness;
    HistoryPosition{t} = X;
    HistoryBest{t} = gBest;
  end
  Best_Pos = gBest;
  Best_fitness = gBestFitness;
end
```

绘制每代萤火虫分布的绘图函数代码如下：

```
%% 绘制每代萤火虫的分布
for i = 1:maxIter
   Position = HistoryPosition{i};        %获取当前代位置
   BestPosition = HistoryBest{i};        %获取当前代最优位置
   figure(3)
   plot(Position(:,1),Position(:,2),'*','linewidth',3);
   hold on;
    plot(BestPosition(1),BestPosition(2),'ro','linewidth',3);
   grid on;
   axis([-10 10,-10,10])
   legend('萤火虫','最优萤火虫');
   title(['第',num2str(i),'次迭代']);
   hold off
end
```

参 考 文 献

[1] YANG X S. Nature-Inspired Metaheuristic Algorithms[M]. Frome: Luniver Press，2008.

[2] 李士勇，李研，林永茂. 智能优化算法与涌现计算[M]. 北京：清华大学出版社，2019.

[3] 隋永波. 萤火虫算法的理论分析及应用研究[D]. 湘潭：湘潭大学，2017.

[4] 胡婷婷. 萤火虫算法的理论分析及应用研究[D]. 西安：西安工程大学，2015.

[5] 王吉权，王福林. 萤火虫算法的改进分析及应用[J]. 计算机应用，2014,34(09):2552-2556.

[6] 马彦追. 萤火虫算法的改进及其应用研究[D]. 南宁：广西民族大学，2014.

[7] ARORA J. S. Introduction to Optimum Design[M]. America: Academic Press，2004.

[8] 胡志敏，颜学峰. 双层粒子群算法及应用于压力容器设计[J]. 计算机与应用化学，2012,29(09):111-114.

第5章 灰狼优化算法及其 MATLAB 实现

5.1 灰狼优化算法的基本原理

灰狼优化（Grey Wolf Optimization，GWO）算法是 2014 年由澳大利亚学者 Seyedali Mirjalili 等人提出的。该算法模拟了自然界灰狼的领导层级和狩猎机制。灰狼属于犬科动物，是顶级的掠食者，它们处于生物圈食物链的顶端。灰狼大多喜欢群居，每个群体中平均有 5～12 只狼。它们具有非常严格的社会等级制度，如图 5.1 所示。金字塔第一层为种群中的领导者，称为 α。在狼群中，α 是具有管理能力的个体，主要负责狩猎、睡觉的时间和位置分配、食物分配等群体中各项决策事务。金字塔第二层是 α 的"智囊团队"，称为 β，β 主要负责协助 α 进行决策。当整个狼群的 α 出现空缺时，β 将接替 α 的位置。β 在狼群中的支配权仅次于 α，它将 α 的命令下达给其他成员，并将其他成员的执行情况反馈给 α，β 起着桥梁的作用。金字塔第三层是 δ，听从 α 和 β 的决策命令，主要负责侦查、放哨、看护等事务。适应度差的 α 和 β 也会降为 δ。金字塔最底层是 ω，主要负责狼群内部关系的平衡。

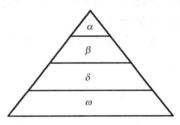

图 5.1 灰狼的社会等级制度

此外，集体狩猎是灰狼的另一种社会行为。灰狼的社会等级在群体狩猎过程中发挥着重要的作用，狩猎过程在 α 的带领下完成。灰狼的狩猎过程如下：

（1）跟踪、追逐和接近猎物。

（2）追捕、包围和骚扰猎物，直到猎物停止移动。

（3）攻击猎物。

5.1.1 包围猎物

在狩猎过程中，将灰狼围捕猎物的行为定义为

$$\vec{D} = |\vec{C}\vec{X}_p(t) - \vec{X}(t)| \tag{5.1}$$

$$\vec{X}(t+1) = \vec{X}_p(t) - \vec{A}\vec{D} \tag{5.2}$$

式（5.1）表示灰狼与猎物之间的距离，式（5.2）是灰狼的位置更新公式。其中，t 是目前的迭代次数。$\vec{A}$ 和 $\vec{C}$ 是系数向量，$\vec{X}_p$ 和 $\vec{X}$ 分别是猎物的位置向量和灰狼的位置向量。$\vec{A}$ 和 $\vec{C}$ 的计算公式为

$$\vec{A} = 2\vec{a}\vec{r}_1 - \vec{a} \tag{5.3}$$

$$\vec{C} = 2\vec{r}_2 \tag{5.4}$$

其中，$\vec{a}$ 是收敛因子，随着迭代次数从 2 线性减小到 0，$\vec{r}_1$ 和 $\vec{r}_2$ 的模是区间[0,1]内的随机数。

5.1.2　狩猎

　　灰狼能够识别猎物的位置并将其包围。
当灰狼识别出猎物的位置后，β 和 δ 在 α 的
带领下指导狼群包围猎物。在优化问题的决
策空间中，我们对最佳解决方案（猎物的位
置）并不了解。因此，为了模拟灰狼的狩猎
行为，我们假设 α、β 和 δ 更了解猎物的潜
在位置。我们保存迄今为止取得的三个最优
解决方案，并利用这三者的位置来判断猎物
所在的位置，同时强迫其他灰狼个体（包括
ω）依据最优灰狼个体的位置来更新自身位
置，并逐渐逼近猎物。狼群内个体跟踪猎物
的原理如图 5.2 所示。

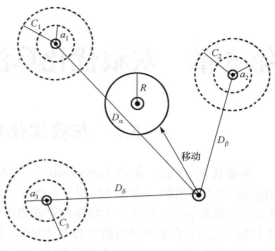

图 5.2　狼群内个体跟踪猎物的原理

　　灰狼个体跟踪猎物的数学模型描述如下：

$$\begin{cases} \vec{D}_\alpha = |\vec{C}_1 \vec{X}_\alpha - \vec{X}| \\ \vec{D}_\beta = |\vec{C}_2 \vec{X}_\beta - \vec{X}| \\ \vec{D}_\delta = |\vec{C}_3 \vec{X}_\delta - \vec{X}| \end{cases} \tag{5.5}$$

其中，$\vec{D}_\alpha, \vec{D}_\beta, \vec{D}_\delta$ 分别表示 α, β, δ 与其他个体间的距离向量。$\vec{X}_\alpha, \vec{X}_\beta, \vec{X}_\delta$ 分别表示 α, β, δ 的当
前位置向量；$\vec{C}_1, \vec{C}_2, \vec{C}_3$ 是随机向量，$\vec{X}$ 是当前灰狼的位置向量。

$$\begin{cases} \vec{X}_1 = \vec{X}_\alpha - A_1 \vec{D}_\alpha \\ \vec{X}_2 = \vec{X}_\beta - A_2 \vec{D}_\beta \\ \vec{X}_3 = \vec{X}_\delta - A_3 \vec{D}_\delta \end{cases} \tag{5.6}$$

$$\vec{X}(t+1) = \frac{\vec{X}_1 + \vec{X}_2 + \vec{X}_3}{3} \tag{5.7}$$

式（5.6）分别定义了狼群中个体 ω 分别朝 α, β, δ 前进的步长和方向，式（5.7）定义了 ω 的最
终位置。

5.1.3　攻击猎物

　　当猎物停止移动时，灰狼通过攻击来完成狩猎过程。为了模拟逼近猎物的过程，$\vec{a}$ 的值
逐渐减小，因此 $\vec{A}$ 的波动范围也随之减小。换句话说，在迭代过程中，当 $\vec{a}$ 的值从 2 线性下
降到 0 时，其对应的 $\vec{A}$ 的值也在区间 $[-a, a]$ 内变化。如图 5.3 所示，当 $\vec{A}$ 的值位于区间 $[-a, a]$
内时，灰狼的下一个位置可以位于其当前位置和猎物位置之间的任意位置。当 $|\vec{A}| < 1$ 时，狼
群向猎物发起攻击。

5.1.4　搜索猎物

　　灰狼根据 α, β, δ 的位置搜索猎物。灰狼在寻找猎物时会彼此分开，但当发现猎物时会聚
集在一起攻击猎物。基于数学建模的散度，可以用 $|\vec{A}| > 1$ 或 $|\vec{A}| < -1$ 的随机值来迫使灰狼与猎

物分离，这强调了勘探（探索）并允许灰狼优化算法全局搜索最优解。如图 5.3 所示，当 $|\vec{A}| > 1$ 时，强迫灰狼与猎物（局部最优解）分离，希望找到更合适的猎物（全局最优解）。灰狼优化算法还有另一个组件 $\vec{C}$ 来帮助其发现新的解决方案。由式（5.4）可知，$\vec{C}$ 是区间 [0,2] 内的随机值。$\vec{C}$ 表示灰狼所在位置对猎物影响的随机权重，$|\vec{C}| > 1$ 表示影响权重大，反之，表示影响权重小。这有助于灰狼优化算法发挥探性，同时可在优化过程中避免灰狼优化算法陷入局部最优。另外，与 $\vec{A}$ 不同，$\vec{C}$ 是非线性减小的。这样，从最初的迭代到最终的迭代中，灰狼优化算法都提供了决策空间中的全局搜索。在灰狼优化算法陷入局部最优并且不易跳出时，$\vec{C}$ 的随机性在避免局部最优方面发挥了非常重要的作用，尤其是在最后需要获得全局最优解的迭代中。

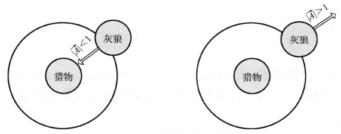

图 5.3　攻击猎物和寻找猎物

5.1.5　灰狼优化算法流程

灰狼优化算法流程图如图 5.4 所示。

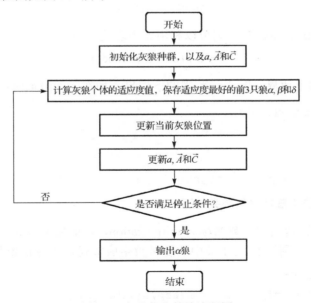

图 5.4　灰狼优化算法流程图

步骤 1：初始化灰狼种群，以及 a, $\vec{A}$ 和 $\vec{C}$。

步骤 2：计算灰狼个体的适应度值，保存适应度最好的前 3 只狼 α, β 和 δ。

步骤 3：根据式（5.1）～式（5.7）更新当前灰狼位置。

步骤 4：判断是否达到最大迭代次数，若没有，则重复步骤 2～4；否则输出最优结果。

5.2 灰狼优化算法的 MATLAB 实现

5.2.1 灰狼位置初始化

5.2.1.1 MATLAB 相关函数

函数 rand()是 MATLAB 自带的随机数生成函数，能生成区间[0,1]内的随机数。

```
>> rand()

ans =

    0.5640
```

若要一次性生成多个随机数，则可以这样使用函数 rand(row,col)，其中 row 与 col 分别表示行和列，如 rand(3,4)表示生成 3 行 4 列的范围在区间[0,1]内的随机数。

```
>> rand(3,4)

ans =

    0.1661    0.1130    0.4934    0.0904
    0.2506    0.8576    0.7964    0.4675
    0.2860    0.2406    0.5535    0.7057
```

若要生成指定范围的随机数，则可以利用如下表达式表示。

$$r = \text{lb} + (\text{ub} - \text{lb}) \times \text{rand}()$$

其中，ub 表示范围的上边界，lb 表示范围的下边界。如在区间[0,4]内生成 5 个随机数。

```
>> (4-0).*rand(1,5)+ 0

ans =

    0.1692    2.9335    1.8031    2.0817    1.6938
```

5.2.1.2 灰狼种群位置初始化函数编写

定义灰狼种群位置初始化函数名称为 initialization，并单独编写成一个函数，将其存放在 initialization.m 文件中。利用 5.2.1.1 节中的随机数生成方式，生成初始种群。

```
%% 种群初始化函数
function X = initialization(pop,ub,lb,dim)
    %pop 为灰狼种群数量
    %dim 为每只灰狼的维度
    %ub 为每只灰狼维度变量的上边界，维度为[1,dim]
    %lb 为每只灰狼维度变量的下边界，维度为[1,dim]
    %X 为输出的种群，维度为[pop,dim]
    X = zeros(pop,dim); %为 X 事先分配空间
```

```
    for i = 1:pop
        for j = 1:dim
            X(i,j)= (ub(j)- lb(j))*rand()+ lb(j);   %生成区间[lb,ub]内的随机数
        end
    end
end
```

假设种群数量为 10，每只灰狼维度均为 5，每个维度的边界均为[–5, 5]，利用初始化函数初始化种群。

```
>> pop = 10;
dim = 5;
ub = [5,5,5,5,5];
lb = [-5,-5,-5,-5,-5];
[X,Y] = initialization(pop,ub,lb,dim)

X =

    3.1472    4.0579   -3.7301    4.1338    1.3236
   -4.0246   -2.2150    0.4688    4.5751    4.6489
   -3.4239    4.7059    4.5717   -0.1462    3.0028
   -3.5811   -0.7824    4.1574    2.9221    4.5949
    1.5574   -4.6429    3.4913    4.3399    1.7874
    2.5774    2.4313   -1.0777    1.5548   -3.2881
    2.0605   -4.6817   -2.2308   -4.5383   -4.0287
    3.2346    1.9483   -1.8290    4.5022   -4.6555
   -0.6126   -1.1844    2.6552    2.9520   -3.1313
   -0.1024   -0.5441    1.4631    2.0936    2.5469


Y =

   -2.2397    1.7970    1.5510   -3.3739   -3.8100
   -0.0164    4.5974   -1.5961    0.8527   -2.7619
    2.5127   -2.4490    0.0596    1.9908    3.9090
    4.5929    0.4722   -3.6138   -3.5071   -2.4249
    3.4072   -2.4572    3.1428   -2.5648    4.2926
   -1.5002   -3.0340   -2.4892    1.1604   -0.2671
   -1.4834    3.3083    0.8526    0.4972    4.1719
   -2.1416    2.5720    2.5373   -1.1955    0.6782
   -4.2415   -4.4605    0.3080    2.7917    4.3401
   -3.7009    0.6882   -0.3061   -4.8810   -1.6288
```

5.2.2　适应度函数

适应度函数即是优化问题的目标函数，根据不同应用设计相应的适应度函数。我们可以把自己设计的适应度函数单独写成一个函数，方便优化算法调用。一般将适应度函数命名为 fun，这里我们定义一个适应度函数并存放在 fun.m 文件中，这里适应度函数定义如下：

```
%% 适应度函数
function fitness = fun(x)
    %x 为输入一只灰狼，维度为[1,dim]
    %fitness 为输出的适应度值
        fitness = sum(x.^2);
end
```

这里我们的适应度值就是 x 所有值的平方和，如 $x = [1,2]$，那么经过适应度函数计算后得到的值为 5。

```
>> x = [1,2];
fitness = fun(x)

fitness =

    5
```

5.2.3 边界检查和约束

边界检查的作用是防止变量超过规定的范围，一般当变量大于上边界时，直接将其设置为上边界；当变量小于下边界时，直接将其设置为下边界。具体逻辑表达式如下：

$$val = \begin{cases} ub, & val > ub \\ lb, & val < lb \end{cases}$$

定义边界检查函数为 BoundaryCheck()，并将其保存为 BoundaryCheck.m 文件。

```
%% 边界检查函数
function [X] = BoundaryCheck(x,ub,lb,dim)
    %dim 为数据的维度大小
    %x 为输入数据，维度为[1,dim]
    %ub 为数据上边界，维度为[1,dim]
    %lb 为数据下边界，维度为[1,dim]
    for i = 1:dim
        if x(i) > ub(i)
            x(i) = ub(i);
        end
        if x(i) < lb(i)
            x(i) = lb(i);
        end
    end
    X = x;
end
```

假设 $x = [1,-2,3,-4]$，定义的上边界为[1,1,1,1]，下边界为[-1,-1,-1,-1]。于是经过边界检查和约束后，X 应为[1,-1,1,-1]。

```
>> dim = 4;
x = [1,-2,3,-4];
ub = [1,1,1,1];
```

```
lb = [-1,-1,-1,-1];
X = BoundaryCheck(x,ub,lb,dim)


X =

    1    -1     1    -1
```

5.2.4　灰狼优化算法代码

将整个灰狼优化算法定义为一个模块，模块名称函数为 GWO，并将其存储为 GWO.m 文件。整个灰狼优化算法的 MATLAB 代码编写如下：

```
%%--------------灰狼优化算法----------------------%%
%% 输入：
%    pop 为灰狼种群数量
%    dim 为单只灰狼的维度
%    ub 为灰狼上边界，维度为[1,dim]
%    lb 为灰狼下边界，维度为[1,dim]
%    fobj 为适应度函数接口
%    maxIter 为该算法的最大迭代次数，用于控制算法的停止
%% 输出：
%    Best_Pos 为使用灰狼优化算法找到的最优位置
%    Best_fitness 为最优位置对应的适应度值
%    IterCurve 用于记录每次迭代的最优适应度值，即后续用来绘制迭代曲线
function [Best_Pos,Best_fitness,IterCurve] = GWO(pop,dim,ub,lb,fobj,maxIter)

    %% 定义 Alpha 狼、Beta 狼、Delta 狼
    Alpha_pos = zeros(1,dim);
    Alpha_score = inf;

    Beta_pos = zeros(1,dim);
    Beta_score = inf;

    Delta_pos = zeros(1,dim);
    Delta_score = inf;
    %% 初始化种群位置
    Positions = initialization(pop,ub,lb,dim);
    %% 计算适应度值
    fitness = zeros(1,pop);
    for i = 1:pop
       fitness(i) = fobj(Positions(i,:));
    end
    %% 对适应度值进行排序，找到 Alpha 狼、Beta 狼、Delta 狼
    %寻找适应度值最小的位置
    [SortFitness,indexSort] = sort(fitness);
    %记录适应度值和位置
    Alpha_pos = Positions(indexSort(1),:);
    Alpha_score = SortFitness(1);
```

```matlab
Beta_pos = Positions(indexSort(2),:);
Beta_score = SortFitness(2);
Delta_pos = Positions(indexSort(3),:);
Delta_score = SortFitness(3);
gBest = Alpha_pos;
gBestFitness = Alpha_score;
%开始迭代
for t = 1:maxIter
    %计算 a 的值
    a=2-t*((2)/maxIter);
    for i = 1:pop
        for j = 1:dim
            %% 根据 Alpha 狼更新位置
            r1 = rand();                    % 区间[0,1]内的随机数
            r2 = rand();                    % 区间[0,1]内的随机数
            A1 = 2*a*r1-a;                  % 计算 A1
            C1 = 2*r2;                      % 计算 C1
            D_alpha = abs(C1*Alpha_pos(j)-Positions(i,j)); % 计算与Alpha狼的距离
            X1 = Alpha_pos(j)-A1*D_alpha; % 更新位置

            %% 根据 Beta 狼更新位置
            r1 = rand();                    % 区间[0,1]内的随机数
            r2 = rand();                    % 区间[0,1]内的随机数
            A2 = 2*a*r1-a;                  % 计算 A2
            C2 = 2*r2;                      % 计算 C2
            D_beta = abs(C2*Beta_pos(j)-Positions(i,j)); % 计算与Beta狼的距离
            X2 = Beta_pos(j)-A2*D_beta;    % 更新位置

            %% 根据 Delta 狼更新位置
            r1 = rand();                    % 区间[0,1]内的随机数
            r2 = rand();                    % 区间[0,1]内的随机数
            A3 = 2*a*r1-a;                  % 计算 A3
            C3 = 2*r2;                      % 计算 C3
            D_delta = abs(C3*Delta_pos(j)-Positions(i,j)); % 计算与Delta狼的距离
            X3 = Delta_pos(j)-A3*D_delta; % 更新位置
            %更新位置
            Positions(i,j) = (X1+X2+X3)/3;
        end
        %% 边界检查
        Positions(i,:) = BoundaryCheck(Positions(i,:),ub,lb,dim);
    end
    %计算适应度值
    for i = 1:pop
        fitness(i) = fobj(Positions(i,:));
        % 更新 Alpha 狼、Beta 狼、Delta 狼
        if fitness(i) < Alpha_score
            Alpha_score = fitness(i);       % 更新 Alpha 狼
```

```
                    Alpha_pos = Positions(i,:);
                end
                if fitness(i) > Alpha_score && fitness(i)<Beta_score
                    Beta_score = fitness(i);      % 更新 Beta 狼
                    Beta_pos = Positions(i,:);
                end
                if fitness(i)>Alpha_score && fitness(i)>Beta_score && fitness(i)
<Delta_score
                    Delta_score = fitness(i);      % 更新 Delta 狼
                    Delta_pos = Positions(i,:);
                end
            end
        gBest = Alpha_pos;
        gBestFitness = Alpha_score;
        IterCurve(t)= gBestFitness;
    end
    Best_Pos = gBest;
    Best_fitness = gBestFitness;
end
```

至此，基本灰狼优化算法的代码编写完成，所有涉及灰狼优化算法的子函数均包括如图 5.5 所示的.m 文件。

BoundaryCheck.m	2021/3/13 12:55	MATLAB Code	1 KB
fun.m	2021/4/9 16:49	MATLAB Code	1 KB
initialization.m	2021/4/19 15:06	MATLAB Code	1 KB
GWO.m	2021/4/19 15:29	MATLAB Code	4 KB

图 5.5　.m 文件

下一节将讲解如何使用上述灰狼优化算法来解决优化问题。

5.3　灰狼优化算法的应用案例

5.3.1　求解函数极值

问题描述：求解一组 x_1, x_2，使得下面函数的值最小。

$$f(x_1,x_2) = x_1^2 + x_2^2$$

其中，x_1 与 x_2 的取值范围分别为[-10,10]，[-10,10]。

首先，我们可以利用 MATLAB 绘图的方式来查看搜索空间是什么，绘制该函数的搜索曲面如图 5.6 所示。

```
%% 绘制 f(x1,x2)的搜索曲面
x1 = -10:0.01:10;
x2 = -10:0.01:10;
for i = 1:size(x1,2)
```

```
    for j = 1:size(x2,2)
        X1(i,j) = x1(i);
        X2(i,j) = x2(j);
        f(i,j) = x1(i)^2 + x2(j)^2;
    end
end
surfc(X1,X2,f,'LineStyle','none'); %绘制搜索曲面
```

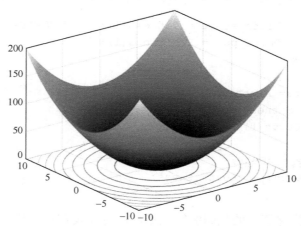

图 5.6 $f(x_1,x_2)$搜索曲面

从函数表达式和搜索空间可知，该函数的最小值为 0，最优解为 $x_1 = 0$，$x_2 = 0$。利用灰狼优化算法对该问题进行求解，设置灰狼种群数量 pop 为 50，最大迭代次数 maxIter 为 100，由于是求解 x_1 与 x_2，因此将灰狼的维度 dim 设为 2，灰狼的上边界 ub =[10,10]，下边界 lb=[−10,−10]。根据问题设定适应度函数 fun.m 如下：

```
%% 适应度函数
function fitness = fun(x)
    %x 为输入灰狼当前位置，维度为[1,dim]
    %fitness 为输出的适应度值
        fitness = x(1)^2 + x(2)^2;
end
```

求解该问题的主函数 main.m 如下：

```
%% 利用灰狼优化算法求解 x1^2 + x2^2 的最小值
clc;clear all;close all;
%设定灰狼参数
pop = 50;              %灰狼种群数量
dim = 2;               %灰狼变量维度
ub = [10,10];          %灰狼上边界
lb = [-10,-10];        %灰狼下边界
maxIter = 100;         %最大迭代次数
fobj = @(x)fun(x);     %设置适应度函数为 fun(x)
%灰狼求解问题
[Best_Pos,Best_fitness,IterCurve] = GWO(pop,dim,ub,lb,fobj,maxIter);
%绘制迭代曲线
figure
```

```
plot(IterCurve,'r-','linewidth',1.5);
grid on;%网格开
title('灰狼迭代曲线')
xlabel('迭代次数')
ylabel('适应度值')

disp(['求解得到的 x1,x2 为：',num2str(Best_Pos(1)),'  ',num2str(Best_Pos(2))]);
disp(['最优解对应的函数值为：',num2str(Best_fitness)]);
```

程序运行结果如图 5.7 所示。

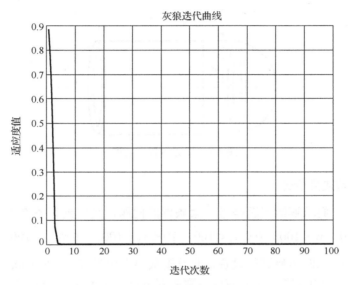

图 5.7　程序运行结果

```
求解得到的 x1,x2 为：-2.9708e-28    3.013e-28
最优解对应的函数值为：1.7904e-55
```

从灰狼优化算法寻优的结果来看，利用灰狼优化算法得到的最终值(−2.9708e−28, 3.013e−28)，非常接近理论最优值(0, 0)，表明灰狼优化算法具有寻优能力强的特点。

5.3.2　带约束问题求解：基于灰狼优化算法的压力容器设计

5.3.2.1　问题描述

压力容器设计问题的目标是使压力容器制作（配对、成型和焊接）成本最低，压力容器示意图如图 5.8 所示，压力容器的两端都由顶盖子封住，头部一端的封盖为半球状。L 是不考虑头部的圆柱体部分的截面长度，R 是圆柱体的内壁半径，T_s 和 T_h 分别表示圆柱体的壁厚和头部的壁厚，L、R、T_s 和 T_h 即为压力容器设计问题的 4 个优化变量。问题的目标函数表示为

$$x = [x_1, x_2, x_3, x_4] = [T_s, T_h, R, L]$$

$$\min f(x) = 0.6224x_1x_3x_4 + 1.7781x_2x_3^2 + 3.1661x_1^2x_4 + 19.84x_1^2x_3$$

目标函数的约束条件表示为

$$g_1(x) = -x_1 + 0.0193x_3 \leqslant 0$$

$$g_2(x) = -x_2 + 0.00954x_3 \leqslant 0$$

$$g_3(x) = -\pi x_3^2 - 4\pi x_3^3 / 3 + 129600 \leqslant 0$$

$$g_4(x) = x_4 - 240 \leqslant 0$$

$$0 \leqslant x_1 \leqslant 100, \quad 0 \leqslant x_2 \leqslant 100, \quad 10 \leqslant x_3 \leqslant 100, \quad 10 \leqslant x_4 \leqslant 100$$

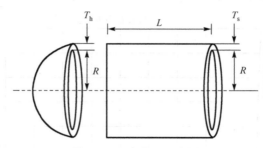

图 5.8 压力容器示意图

5.3.2.2 适应度函数设计

在该问题中，我们求解的问题是带约束条件的问题，其中约束条件为

$$0 \leqslant x_1 \leqslant 100, \quad 0 \leqslant x_2 \leqslant 100, \quad 10 \leqslant x_3 \leqslant 100, \quad 10 \leqslant x_4 \leqslant 100$$

可以通过灰狼寻优的边界进行设置，即设置灰狼上边界 ub=[100,100,100,100]，灰狼的下边界 lb =[0,0,10,10]。其中，需要在适应度函数中对 $g_1(x), g_2(x), g_3(x), g_4(x)$ 进行约束，若 x_1, x_2, x_3, x_4 不满足约束条件，则设置该适应度函数无效，并将其设置为 inf。定义适应度函数 fun.m 如下：

```matlab
% 压力容器适应度函数
function fitness = fun(x)
    x1 = x(1); %Ts
    x2 = x(2); %Th
    x3 = x(3); %R
    x4 = x(4); %L

    %% 约束条件判断
    g1 = -x1+0.0193*x3;
    g2 = -x2+0.00954*x3;
    g3 = -pi*x3^2-4*pi*x3^3/3+1296000;
    g4 = x4-240;
    if(g1 <= 0&&g2 <= 0&&g3 <= 0&&g4 <= 0)%若满足约束条件，则计算适应度值
        fitness = 0.6224*x1*x3*x4 + 1.7781*x2*x3^2 + 3.1661*x1^2*x4 +
19.84*x1^2*x3;
    else%否则适应度函数无效
        fitness = inf;
    end
end
```

5.3.2.3 灰狼优化算法主函数设计

通过上述分析，设置灰狼优化算法参数为：设灰狼种群数量 pop 为 50，最大迭代次数 maxIter 为 500，灰狼的维度 dim 为 4（x_1, x_2, x_3, x_4），灰狼上边界 ub =[100,100,100,100]，下边界 lb=[0,0,10,10]，灰狼主函数 main.m 设计如下：

```matlab
%% 基于灰狼优化算法的压力容器设计
clc;clear all;close all;
%设定灰狼优化算法参数
pop = 50;                          %灰狼种群数量
dim = 4;                           %灰狼变量维度
ub = [100,100,100,100];            %灰狼上边界
lb = [0,0,10,10];                  %灰狼下边界
maxIter = 500;                     %最大迭代次数
fobj = @(x)fun(x);                 %设置适应度函数为 fun(x)
%利用灰狼优化算法求解问题
[Best_Pos,Best_fitness,IterCurve] = GWO(pop,dim,ub,lb,fobj,maxIter);
%绘制迭代曲线
figure
plot(IterCurve,'r-','linewidth',1.5);
grid on;%网格开
title('灰狼迭代曲线')
xlabel('迭代次数')
ylabel('适应度值')
disp(['求解得到的 x1,x2,x3,x4 为:',num2str(Best_Pos(1)),'   ',num2str(Best_Pos(2)),' ',num2str(Best_Pos(3)),' ',num2str(Best_Pos(4))]);
disp(['最优解对应的函数值为: ',num2str(Best_fitness)]);
```

程序输出结果如图 5.9 所示。

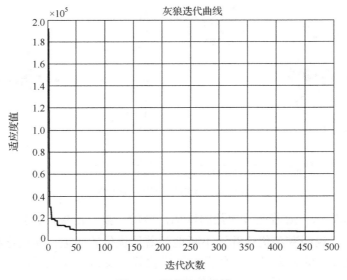

图 5.9 程序输出结果

输出结果如下：

```
求解得到的 x1,x2,x3,x4 为：1.3039    0.6434 67.3875 10.0415
最优解对应的函数值为：8071.2197
```

从收敛曲线上来看，压力容器适应度函数值不断减小，表明灰狼优化算法不断地对参数进行优化。最终输出了一组满足约束条件的压力容器参数，对压力容器的设计具有指导意义。

5.4 灰狼优化算法的中间结果

为了更加直观地了解灰狼在每代的分布、前后迭代、灰狼位置变化，以 5.3.1 节中求函数极值为例，如图 5.10 所示，需要将灰狼优化算法的中间结果绘制出来。为了达到此目的，我们需要记录每代灰狼的位置（History Position），同时记录每代最优灰狼的位置（History Best），记录每代 α 狼、β 狼、δ 狼的位置分别为 AlphaHistory、BetaHistory、DeltaHistory，然后通过 MATLAB 绘图函数，将图像绘制出来。

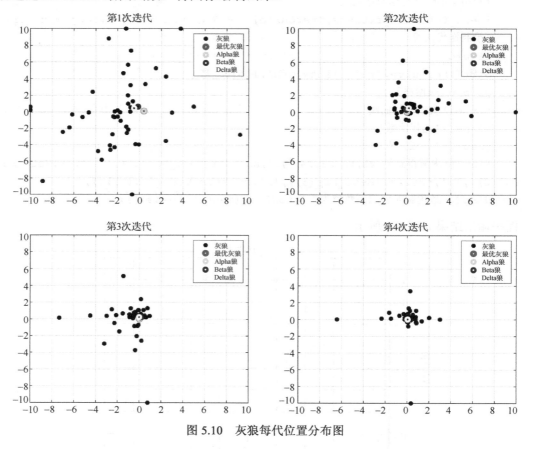

图 5.10 灰狼每代位置分布图

从图 5.10 可以看出，随着迭代次数的增加，最优灰狼、α 狼、β 狼、δ 狼的位置都在向最优位置 $(0,0)$ 靠近，说明灰狼优化算法不断地朝着最优位置靠近。通过这种方式可以直观地看到利用灰狼优化算法的搜索过程，使得灰狼优化算法变得更加直观。

记录每代灰狼位置的 MATLAB 代码如下：

```
%%---------------灰狼优化算法-----------------------%%
%% 输入:
%   pop 为灰狼种群数量
%   dim 为单只灰狼的维度
%   ub 为灰狼上边界, 维度为[1,dim]
%   lb 为灰狼下边界, 维度为[1,dim]
%   fobj 为适应度函数接口
%   maxIter 为算法的最大迭代次数, 用于控制算法的停止
%% 输出:
%   Best_Pos 为利用灰狼优化算法找到的最优位置
%   Best_fitness 为最优位置对应的适应度值
%   IterCurve 用于记录每次迭代的最优适应度值, 即后续用来绘制迭代曲线
%   HistoryPosition 用于记录每代灰狼的位置
%   HistoryBest 用于记录每代灰狼的最优位置
%   AlphaHistory 用于记录每代 Alpha 狼的位置
%   BetaHistory 用于记录每代 Beta 狼的位置
%   DeltaHistory 用于记录每代 Delta 狼的位置
function [Best_Pos,Best_fitness,IterCurve,HistoryPosition,HistoryBest,
AlphaHistory,BetaHistory,DeltaHistory] = GWO(pop,dim,ub,lb,fobj,maxIter)

    %% 定义 Alpha 狼、Beta 狼、Delta 狼
    Alpha_pos = zeros(1,dim);
    Alpha_score = inf;

    Beta_pos = zeros(1,dim);
    Beta_score = inf;

    Delta_pos = zeros(1,dim);
    Delta_score = inf;
    %% 初始化种群位置
    Positions = initialization(pop,ub,lb,dim);
    %% 计算适应度值
    fitness = zeros(1,pop);
    for i = 1:pop
       fitness(i) = fobj(Positions(i,:));
    end
    %% 对适应度值进行排序, 找到 Alpha 狼、Beta 狼、Delta 狼
    %寻找适应度值最小的位置
    [SortFitness,indexSort] = sort(fitness);
    %记录适应度值和位置
    Alpha_pos = Positions(indexSort(1),:);
    Alpha_score = SortFitness(1);
    Beta_pos = Positions(indexSort(2),:);
    Beta_score = SortFitness(2);
    Delta_pos = Positions(indexSort(3),:);
    Delta_score = SortFitness(3);
    gBest = Alpha_pos;
```

```matlab
        gBestFitness = Alpha_score;
    %开始迭代
    for t = 1:maxIter
        %计算 a 的值
        a=2-t*((2)/maxIter);
        for i = 1:pop
            for j = 1:dim
                %% 根据 Alpha 狼更新位置
                r1 = rand();                    % 区间[0,1]内的随机数
                r2 = rand();                    % 区间[0,1]内的随机数
                A1 = 2*a*r1-a;                  % 计算 A1
                C1 = 2*r2;                      % 计算 C1
                D_alpha = abs(C1*Alpha_pos(j)-Positions(i,j));
                % 计算猎物与 Alpha 狼的距离
                X1 = Alpha_pos(j)-A1*D_alpha;   %位置更新

                %% 根据 Beta 狼更新位置
                r1 = rand();                    % 区间[0,1]内的随机数
                r2 = rand();                    % 区间[0,1]内的随机数
                A2 = 2*a*r1-a;                  % 计算 A2
                C2 = 2*r2;                      % 计算 C2
                D_beta = abs(C2*Beta_pos(j)-Positions(i,j));
                % 计算猎物与 Beta 狼的距离
                X2 = Beta_pos(j)-A2*D_beta;     %位置更新

                %% 根据 Delta 狼更新位置
                r1 = rand();                    % 区间[0,1]内的随机数
                r2 = rand();                    % 区间[0,1]内的随机数
                A3 = 2*a*r1-a;                  % 计算 A3
                C3 = 2*r2;                      % 计算 C3
                D_delta = abs(C3*Delta_pos(j)-Positions(i,j));
                % 计算猎物与 Delta 狼的距离
                X3 = Delta_pos(j)-A3*D_delta;   %位置更新
                %位置更新
                Positions(i,j) = (X1+X2+X3)/3;
            end
            %% 边界检查
            Positions(i,:) = BoundaryCheck(Positions(i,:),ub,lb,dim);
        end
    %计算适应度值
        for i = 1:pop
            fitness(i) = fobj(Positions(i,:));
            % 更新 Alpha 狼、Beta 狼、Delta 狼
            if  fitness(i)<Alpha_score
                Alpha_score = fitness(i);       % 更新 Alpha 狼
                Alpha_pos = Positions(i,:);
            end
```

```
            if fitness(i) > Alpha_score && fitness(i) < Beta_score
                Beta_score = fitness(i);            % 更新 Beta 狼
                Beta_pos = Positions(i,:);
            end
            if fitness(i) >Alpha_score && fitness(i) >Beta_score && fitness(i)
<Delta_score
                Delta_score = fitness(i);            % 更新 Delta 狼
                Delta_pos = Positions(i,:);
            end
         end
        gBest = Alpha_pos;
        gBestFitness = Alpha_score;

        %用于存放绘图信息
        HistoryPosition{t} = Positions;
        HistoryBest{t} = gBest;
        AlphaHistory{t} = Alpha_pos;
        BetaHistory{t} = Beta_pos;
        DeltaHistory{t} = Delta_pos;

        IterCurve(t) = gBestFitness;
    end
    Best_Pos = gBest;
    Best_fitness = gBestFitness;
end
```

绘制每代灰狼信息的绘图函数代码如下：

```
%% 绘制每代灰狼的分布
for i = 1:maxIter
    Position = HistoryPosition{i};        %获取当前代位置
    BestPosition = HistoryBest{i};        %获取当前代最优位置
    AlphaPostion = AlphaHistory{i};       %获取当前代 Alpha 狼位置
    BetaPostion = BetaHistory{i};         %获取当前代 Beta 狼位置
    DeltaPostion = DeltaHistory{i};       %获取当前代 Delta 狼位置
    figure(3)
    plot(Position(:,1),Position(:,2),'black*','linewidth',3);
    hold on;
    plot(BestPosition(1),BestPosition(2),'ro','linewidth',4);
    plot(AlphaPostion(1),AlphaPostion(2),'go','linewidth',3);
    plot(BetaPostion(1),BetaPostion(2),'bo','linewidth',3);
    plot(DeltaPostion(1),DeltaPostion(2),'yo','linewidth',3);
    grid on;
    axis([-10 10,-10,10])
    legend('灰狼','最优灰狼','Alpha 狼','Beta 狼','Delta 狼');
    title(['第',num2str(i),'次迭代']);
    hold off
end
```

参 考 文 献

[1] SEYEDALI M. SEYED M M., ANDREW L. Grey Wolf Optimizer[J]. Advances in Engineering Software,2014,69(none):46-61.

[2] 李士勇，李研，林永茂. 智能优化算法与涌现计算[M]. 北京：清华大学出版社，2019.

[3] 张晓凤，王秀英. 灰狼优化算法研究综述[J]. 计算机科学，2019,46(03):30-38.

[4] 刘然. 基于灰狼算法的改进及应用研究[D]. 沈阳：沈阳航空航天大学，2018.

[5] 张森. 灰狼优化算法及其应用[D]. 南宁：广西民族大学，2017.

[6] 郭振洲，刘然，拱长青，等.基于灰狼算法的改进研究[J].计算机应用研究，2017,34(12):3603-3606+3610.

[7] ARORA J. S. Introduction to Optimum Design[M]. America: Academic Press, 2004.

[8] 胡志敏，颜学峰. 双层粒子群算法及应用于压力容器设计[J]. 计算机与应用化学，2012,29(09):111-114.

第6章 正余弦优化算法及其MATLAB实现

6.1 正余弦优化算法的基本原理

正余弦优化算法（Sine Cosine Optimization Algorithm，SCA)是由澳大利亚学者 Seyedali Mirjalili 等人于 2016 年提出的一种新型智能优化算法，在该算法中，会生成多个初始随机候选解，并使它们基于正弦和余弦的数学模型向外波动或向最优解方向波动，利用多个随机变量和自适应变量来计算当前解的所在位置，从而可以搜索空间中的不同区域，有效地避免局部最优，并收敛于全局最优。

6.1.1 正余弦机制

正余弦优化算法是一种随机优化算法，具有高度的灵活性，其基本原理简单，易于实现，可以方便地应用于不同领域中的优化问题。正余弦优化算法的寻优过程可分为两个阶段：在探索阶段，正余弦优化算法通过结合某个随机解在所有随机解中快速寻找搜索空间中的可行区域；在开发阶段，随机解会逐渐发生变化，且随机解的变化速度会低于探索阶段的变化速度。在正弦余弦优化算法中，首先候选解会被随机初始化，然后根据正弦函数或者余弦函数并结合随机因子来更新当前解在每个维度上的值。其具体更新方程为

$$X_i^{t+1} = \begin{cases} X_i^t + r_1 \times \sin(r_2) \times |r_3 P_i^t - X_i^t|, & r_4 < 0.5 \\ X_i^t + r_1 \times \cos(r_2) \times |r_3 P_i^t - X_i^t|, & r_4 > 0.5 \end{cases} \tag{6.1}$$

其中，X_i^t 是当前个体的第 i 维第 t 代的位置，r_2 为区间 $[0, 2\pi]$ 内的随机数；r_3 为区间 $[0,2]$ 内的随机数；r_4 为区间 $[0,1]$ 范围内的随机数，P_i^t 表示在 t 次迭代时，最优个体位置变量的第 i 维的位置。

$$r_1 = a - t\frac{a}{T} \tag{6.2}$$

其中，a 是一个常数，t 为当前迭代次数，T 为最大迭代次数。r_2, r_3, r_4 均为随机因子，参数 r_1 表示下一个解的位置区域在当前解和最优解之内或者之外，较小的 r_1 值有助于提高算法的局部开发能力，较大的 r_1 值有助于提高算法的全局探索能力，同时 r_1 值随迭代次数的增多而逐渐减小，平衡了正余弦优化算法局部开发和全局搜索的能力；参数 r_2 定义了当前解朝向或者与最优解的距离；参数 r_3 为最优解给出一个随机权重，该权重是为了随机强调 $r_3 > 1$ 或者忽略 $r_3 < 1$ 最优解在定义候选解移动距离时的影响效果；参数 r_4 平等地切换正弦函数和余弦函数。

对于给出的问题，正余弦优化算法会随机创建一系列候选解，并且根据正弦函数和余弦函数更新每个候选解在所有维度上的值，正弦函数和余弦函数的循环模式允许一个解在其他解的周围被重新定位，能够保证在两个解之间的空间进行搜索，可以更快地收敛于全局最优。

利用正余弦优化算法的寻优过程如图 6.1 所示，当正弦函数或余弦函数返回值在区间 $[-1,1]$ 内时，候选解可以较好地搜索前景空间，使其得到充分开发；当正弦函数或余弦函数返

回一个大于 1 或小于–1 的值时，候选解可以在所定义的搜索空间之外的区域进行全局搜索；正余弦优化算法在定义的空间区域范围内利用正弦函数和余弦函数可以平缓地从探索阶段过渡到开发阶段；在优化过程中，全局最优解被存储为一个可变目标点而不丢失，候选解总是在当前最优解周围更新其位置，并不断趋向于搜索空间中的最佳区域。

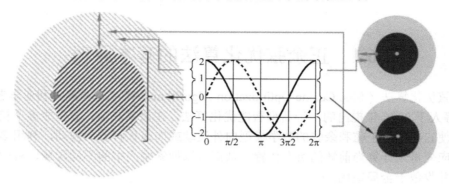

图 6.1   利用正余弦优化算法的寻优过程

6.1.2   正余弦优化算法流程

正余弦优化算法流程图如图 6.2 所示。

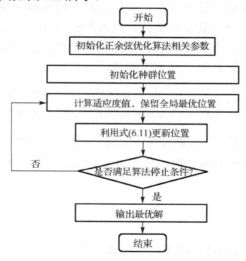

图 6.2   正余弦优化算法流程图

正余弦优化算法的具体步骤如下：

步骤 1：设定正余弦优化算法相关参数，如迭代次数、种群数量、边界信息等。

步骤 2：根据种群数量与边界信息初始化种群位置。

步骤 3：计算适应度值并保留全局最优位置。

步骤 4：根据式（6.1）进行位置更新。

步骤 5：比较并更新全局最优解的位置。将更新后的每个解的适应度值与全局最优解的适应度值进行比较，若当前解的适应度值大于全局最优的适应度值，则更新全局最优解的位置。

步骤 6：是否满足算法停止条件，若满足，则输出最优解；否则重复步骤 3～6。

6.2　正余弦优化算法的 MATLAB 实现

6.2.1　正余弦位置初始化

6.2.1.1　MATLAB 相关函数

函数 rand() 是 MATLAB 自带的随机数生成函数，能生成区间[0,1]内的随机数。

```
>> rand()

ans =

    0.5640
```

若要一次性生成多个随机数，则可以这样使用函数 rand(row,col)，其中 row 与 col 分别表示行和列，如 rand(3,4)表示生成 3 行 4 列的范围在区间[0,1]内的随机数。

```
>> rand(3,4)

ans =

    0.1661    0.1130    0.4934    0.0904
    0.2506    0.8576    0.7964    0.4675
    0.2860    0.2406    0.5535    0.7057
```

若要生成指定范围内的随机数，则可以利用如下表达式表示：

$$r = \mathrm{lb} + (\mathrm{ub} - \mathrm{lb}) \times \mathrm{rand}()$$

其中，ub 表示范围的上边界，lb 表示范围的下边界；如在区间[0,4]内生成 5 个随机数。

```
>> (4-0).*rand(1,5)+ 0

ans =

    0.1692    2.9335    1.8031    2.0817    1.6938
```

6.2.1.2　种群位置初始化函数编写

定义种群位置初始化函数名称为 initialization，并单独编写成一个函数将其存放在 initialization.m 文件中。利用 6.2.1.1 节中的随机数生成方式，生成初始种群。

```
%% 种群初始化函数
function X = initialization(pop,ub,lb,dim)
    %pop 为种群数量
    %dim 为个体的维度
    %ub 为个体变量的上边界，维度为[1,dim]
    %lb 为个体变量的下边界，维度为[1,dim]
    %X 为输出的种群，维度为[pop,dim]
    X = zeros(pop,dim); %为 X 事先分配空间
```

```
    for i = 1:pop
        for j = 1:dim
            X(i,j) = (ub(j) - lb(j))*rand()+ lb(j);   %生成区间[lb,ub]内的随机数
        end
    end
end
```

假设种群数量为 10，个体维度均为 5，每个维度的边界均为[–5, 5]，利用初始化函数初始种群。

```
>> pop = 10;
dim = 5;
ub = [5,5,5,5,5];
lb = [-5,-5,-5,-5,-5];
[X,Y] = initialization(pop,ub,lb,dim)

X =

    3.1472    4.0579   -3.7301    4.1338    1.3236
   -4.0246   -2.2150    0.4688    4.5751    4.6489
   -3.4239    4.7059    4.5717   -0.1462    3.0028
   -3.5811   -0.7824    4.1574    2.9221    4.5949
    1.5574   -4.6429    3.4913    4.3399    1.7874
    2.5774    2.4313   -1.0777    1.5548   -3.2881
    2.0605   -4.6817   -2.2308   -4.5383   -4.0287
    3.2346    1.9483   -1.8290    4.5022   -4.6555
   -0.6126   -1.1844    2.6552    2.9520   -3.1313
   -0.1024   -0.5441    1.4631    2.0936    2.5469


Y =

   -2.2397    1.7970    1.5510   -3.3739   -3.8100
   -0.0164    4.5974   -1.5961    0.8527   -2.7619
    2.5127   -2.4490    0.0596    1.9908    3.9090
    4.5929    0.4722   -3.6138   -3.5071   -2.4249
    3.4072   -2.4572    3.1428   -2.5648    4.2926
   -1.5002   -3.0340   -2.4892    1.1604   -0.2671
   -1.4834    3.3083    0.8526    0.4972    4.1719
   -2.1416    2.5720    2.5373   -1.1955    0.6782
   -4.2415   -4.4605    0.3080    2.7917    4.3401
   -3.7009    0.6882   -0.3061   -4.8810   -1.6288
```

6.2.2 适应度函数

适应度函数即是优化问题的目标函数，根据不同应用设计相应的适应度函数。我们可以把自己设计的适应度函数，单独写成一个函数，方便优化算法调用。一般将适应度函数命名为 fun，这里我们定义一个适应度函数并将其存放在 fun.m 文件中，适应度函数定义如下：

```
%% 适应度函数
function fitness = fun(x)
%x 为输入一个个体，维度为[1,dim]
%fitness 为输出的适应度值
    fitness = sum(x.^2);
end
```

这里我们的适应度值就是 x 所有值的平方和，如 $x = [1,2]$，那么经过适应度函数计算后得到的值为 5。

```
>> x = [1,2];
fitness = fun(x)

fitness =

    5
```

6.2.3　边界检查和约束

边界检查的作用是防止变量超过规定的范围，一般当变量大于上边界时，直接将其设置为上边界；若变量小于下边界，则直接将其设置为下边界。具体逻辑表达式如下：

$$val = \begin{cases} ub, & val > ub \\ lb, & val < lb \end{cases}$$

定义边界检查函数为 BoundaryCheck()，并将其保存为 BoundaryCheck.m 文件。

```
%% 边界检查函数
function [X] = BoundaryCheck(x,ub,lb,dim)
    %dim 为数据的维度大小
    %x 为输入数据，维度为[1,dim]
    %ub 为数据上边界，维度为[1,dim]
    %lb 为数据下边界，维度为[1,dim]
    for i = 1:dim
        if x(i) > ub(i)
           x(i) = ub(i);
        end
        if x(i) < lb(i)
            x(i) = lb(i);
        end
    end
    X = x;
end
```

假设 $x = [1,-2,3,-4]$，定义的上边界为 $[1,1,1,1]$，下边界为 $[-1,-1,-1,-1]$，于是经过边界检查和约束后，X 应为 $[1,-1,1,-1]$。

```
>> dim = 4;
x = [1,-2,3,-4];
ub = [1,1,1,1];
```

```
lb = [-1,-1,-1,-1];
X = BoundaryCheck(x,ub,lb,dim)

X =

    1    -1    1    -1
```

6.2.4 正余弦优化算法代码

将整个正余弦优化算法定义为一个模块，模块名称为 SCA，并将其存储为 SCA.m 文件。整个正余弦优化算法的 MATLAB 代码编写如下：

```
%%--------------正余弦优化算法--------------------%%
%% 输入:
%   pop 为种群数量
%   dim 为单个个体的维度
%   ub 为上边界，维度为[1,dim]
%   lb 为下边界，维度为[1,dim]
%   fobj 为适应度函数接口
%   maxIter 为算法的最大迭代次数，用于控制算法的停止
%% 输出:
%   Best_Pos 为利用正余弦优化算法找到的最优位置
%   Best_fitness 为最优位置对应的适应度值
%   IterCurve 用于记录每次迭代的最佳适应度值，即后续用来绘制迭代曲线。
function [Best_Pos,Best_fitness,IterCurve] = SCA(pop,dim,ub,lb,fobj,maxIter)

    a = 2;%算法中的常数 a;

    %% 初始化种群位置
    X = initialization(pop,ub,lb,dim);
    %% 计算适应度值
    fitness = zeros(1,pop);
    for i = 1:pop
       fitness(i) = fobj(X(i,:));
    end
    %寻找适应度值最小的位置，记录全局最优值
    [SortFitness,indexSort] = sort(fitness);
    gBest = X(indexSort(1),:);            %全局最优位置
    gBestFitness = SortFitness(1);        %全局最优位置对应的适应度值
    %开始迭代
    for t = 1:maxIter
        r1 = a - t*(a/maxIter);%计算r1;
       for i = 1:pop
         for j = 1:dim
             %更新 r2, r3, r4
             r2 = rand()*(2*pi);
             r3 = 2*rand();
             r4 = rand();
```

```
                        %正弦、余弦位置更新
                        if r4<0.5
                            X(i,j) = X(i,j)+(r1*sin(r2)*abs(r3*gBest(j)-X(i,j))); %正弦更新
                        else
                            X(i,j) = X(i,j)+(r1*cos(r2)*abs(r3*gBest(j)-X(i,j))); %余弦更新
                        end
                    end
                    %% 边界检查
                    X(i,:) = BoundaryCheck(X(i,:),ub,lb,dim);
                end
                %计算适应度值
                for i = 1:pop
                    fitness(i) = fobj(X(i,:));
                    % 更新全局最优值
                    if fitness(i) < gBestFitness
                        gBestFitness = fitness(i);
                        gBest = X(i,:);
                    end
                end
                IterCurve(t) = gBestFitness;
            end
            Best_Pos = gBest;
            Best_fitness = gBestFitness;
        end
```

至此，基本正余弦优化算法的代码编写完成，所有涉及正余弦优化算法的子函数均包括如图 6.3 所示的.m 文件。

BoundaryCheck.m	2021/3/13 12:55	MATLAB Code	1 KB
fun.m	2021/4/9 16:49	MATLAB Code	1 KB
initialization.m	2021/4/21 9:57	MATLAB Code	1 KB
SCA.m	2021/4/21 10:07	MATLAB Code	2 KB

图 6.3　.m 文件

下一节将讲解如何使用上述正余弦优化算法来解决优化问题。

6.3　正余弦优化算法的应用案例实验

6.3.1　求解函数极值

问题描述：求解一组 x_1, x_2，使得下面函数的值最小。

$$f(x_1, x_2) = x_1^2 + x_2^2$$

其中，x_1 与 x_2 的取值范围分别为[-10,10]，[-10,10]。

首先，我们可以利用 MATLAB 绘图的方式来查看搜索空间是什么，绘制该函数的搜索曲面如图 6.4 所示。

```
%% 绘制 f(x1,x2)的搜索曲面
x1 = -10:0.01:10;
x2 = -10:0.01:10;
for i = 1:size(x1,2)
    for j = 1:size(x2,2)
        X1(i,j) = x1(i);
        X2(i,j) = x2(j);
        f(i,j) = x1(i)^2 + x2(j)^2;
    end
end
surfc(X1,X2,f,'LineStyle','none'); %绘制搜索曲面
```

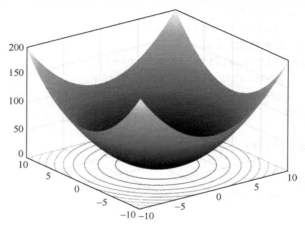

图 6.4 $f(x_1,x_2)$搜索曲面

从函数表达式和搜索空间可知，该函数的最小值为 0，最优解为 $x_1 = 0$，$x_2 = 0$。利用正余弦优化算法对该问题进行求解，设置正余弦种群数量 pop 为 50，最大迭代次数 maxIter 为 100，由于是求解 x_1 与 x_2，因此将个体的维度 dim 设为 2，个体的上边界 ub=[10,10]，个体下边界 lb=[−10,−10]。根据问题设定适应度函数 fun.m 如下：

```
%% 适应度函数
function fitness = fun(x)
    %x 为输入个体当前位置，维度为[1,dim]
    %fitness 为输出的适应度值
        fitness = x(1)^2 + x(2)^2;
end
```

求解该问题的主函数 main.m 如下：

```
%% 利用正余弦优化算法求解 x1^2 + x2^2 的最小值
clc;clear all;close all;
%设定正余弦优化算法的参数
pop = 50;                      %种群数量
dim = 2;                       %变量维度
ub = [10,10];                  %正余弦上边界
lb = [-10,-10];                %正余弦下边界
maxIter = 100;                 %最大迭代次数
```

```
fobj = @(x)fun(x);            %设置适应度函数为 fun(x)
%正余弦求解问题
[Best_Pos,Best_fitness,IterCurve] = SCA(pop,dim,ub,lb,fobj,maxIter);
%绘制迭代曲线
figure
plot(IterCurve,'r-','linewidth',1.5);
grid on;%网格开
title('正余弦迭代曲线')
xlabel('迭代次数')
ylabel('适应度值')

disp(['求解得到的x1, x2 为: ',num2str(Best_Pos(1)),'  ',num2str(Best_Pos(2))]);
disp(['最优解对应的函数值为: ',num2str(Best_fitness)]);
```

程序运行结果如图 6.5 所示。

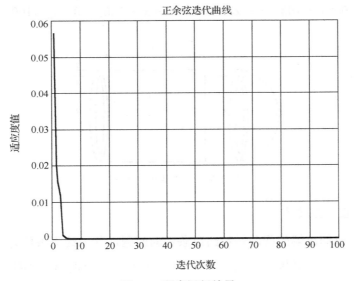

图 6.5　程序运行结果

输出的结果如下：

```
求解得到的 x1, x2 为: 2.0928e-11    2.7394e-11
最优解对应的函数值为: 1.1884e-21
```

从正余弦优化算法寻优的结果来看，利用正余弦优化算法得到的最终值(2.0928e–11, 2.7394e–11)，非常接近理论最优值(0, 0)，表明正余弦优化算法具有寻优能力强的特点。

6.3.2　带约束问题求解：基于正余弦优化算法的压力容器设计

6.3.2.1　问题描述

压力容器设计问题的目标是使压力容器制作（配对、成型和焊接）成本最低，压力容器示意图如图 6.6 所示，压力容器的两端都由顶盖封住，头部一端的封盖为半球状。L 是不考虑头部的圆柱体部分的截面长度，R 是圆柱体的内壁半径，T_s 和 T_h 分别表示圆柱体的壁厚和

头部的壁厚，L、R、T_s 和 T_h 即为压力容器设计问题的 4 个优化变量。问题的目标函数表示为

$$x = [x_1, x_2, x_3, x_4] = [T_s, T_h, R, L]$$

$$\min f(x) = 0.6224x_1x_3x_4 + 1.7781x_2x_3^2 + 3.1661x_1^2x_4 + 19.84x_1^2x_3$$

目标函数的约束条件表示为

$$g_1(x) = -x_1 + 0.0193x_3 \leqslant 0$$

$$g_2(x) = -x_2 + 0.00954x_3 \leqslant 0$$

$$g_3(x) = -\pi x_3^2 - 4\pi x_3^3/3 + 129600 \leqslant 0$$

$$g_4(x) = x_4 - 240 \leqslant 0$$

$$0 \leqslant x_1 \leqslant 100, \quad 0 \leqslant x_2 \leqslant 100, \quad 10 \leqslant x_3 \leqslant 100, \quad 10 \leqslant x_4 \leqslant 100$$

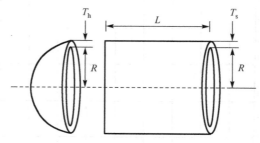

图 6.6 压力容器示意图

6.3.2.2 适应度函数设计

在该问题中，我们求解的问题是带约束条件的问题，其中约束条件为

$$0 \leqslant x_1 \leqslant 100, \quad 0 \leqslant x_2 \leqslant 100, \quad 10 \leqslant x_3 \leqslant 100, \quad 10 \leqslant x_4 \leqslant 100$$

通过正余弦优化算法寻优的边界进行设置，即设置正余弦上边界 ub=[100,100,100,100]，下边界 lb =[0,0,10,10]。其中，需要在适应度函数中对 $g_1(x), g_2(x), g_3(x), g_4(x)$ 进行约束，若 x_1, x_2, x_3, x_4 不满足约束条件，则设置该适应度函数无效，并将其设置为 inf。定义适应度函数 fun.m 如下：

```
% 压力容器适应度函数
function fitness = fun(x)
    x1 = x(1); %Ts
    x2 = x(2); %Th
    x3 = x(3); %R
    x4 = x(4); %L

    %% 约束条件判断
    g1 = -x1+0.0193*x3;
    g2 = -x2+0.00954*x3;
    g3 = -pi*x3^2-4*pi*x3^3/3+1296000;
```

```
        g4 = x4-240;
        if(g1 <= 0&&g2 <= 0&&g3 <= 0&&g4 <= 0)%若满足约束条件，则计算适应度值
            fitness = 0.6224*x1*x3*x4 + 1.7781*x2*x3^2 + 3.1661*x1^2*x4 +
19.84*x1^2*x3;
        else%否则适应度函数无效
            fitness = inf;
        end
    end
```

6.3.2.3 正余弦优化算法主函数设计

通过上述分析，可以设置正余弦优化算法参数为：设种群数量 pop 为 50，最大迭代次数 maxIter 为 500，个体维度 dim 为 4（x_1,x_2,x_3,x_4），个体上边界 ub =[100,100,100,100]，下边界 lb=[0,0,10,10]，正余弦主函数 main.m 设计如下：

```
%% 基于正余弦优化算法的压力容器设计
clc;clear all;close all;
%设定正余弦优化算法的参数
pop = 50;                    %种群数量
dim = 4;                     %变量维度
ub = [100,100,100,100];      %正余弦上边界
lb = [0,0,10,10];            %正余弦下边界
maxIter = 500;               %最大迭代次数
fobj = @(x)fun(x);           %设置适应度函数为 fun(x)
%正余弦求解问题
[Best_Pos,Best_fitness,IterCurve] = SCA(pop,dim,ub,lb,fobj,maxIter);
%绘制迭代曲线
figure
plot(IterCurve,'r-','linewidth',1.5);
grid on;%网格开
title('正余弦迭代曲线')
xlabel('迭代次数')
ylabel('适应度值')

disp(['求解得到的 x1,x2,x3,x4 为:',num2str(Best_Pos(1)),'   ',num2str(Best_
Pos(2)),' ',num2str(Best_Pos(3)),' ',num2str(Best_Pos(4))]);
disp(['最优解对应的函数值为: ',num2str(Best_fitness)]);
```

程序运行结果如图 6.7 所示。
输出的结果如下：

```
求解得到的 x1,x2,x3,x4 为:1.4939    0.70335 69.0493 12.2858
最优解对应的函数值为: 9895.884
```

从收敛曲线上来看，压力容器适应度函数值不断减小，表明正余弦优化算法不断地对参数进行优化。最终输出一组满足约束条件的压力容器参数，对压力容器的设计具有指导意义。

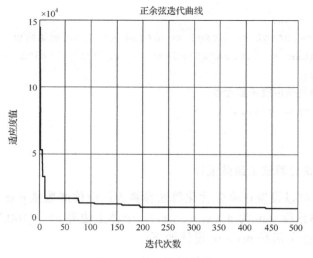

图 6.7 程序运行结果

6.4 正余弦优化算法的中间结果

为了更加直观地了解正余弦个体在每代的分布、前后迭代、个体位置变化，以 6.3.1 节中求函数极值为例，如图 6.8 所示，需要将正余弦优化算法的中间结果绘制出来。为了达到此目的，我们需要记录每代个体的位置 History Position，同时记录每代最优个体的位置 History Best，然后通过 MATLAB 绘图函数，将图像绘制出来。

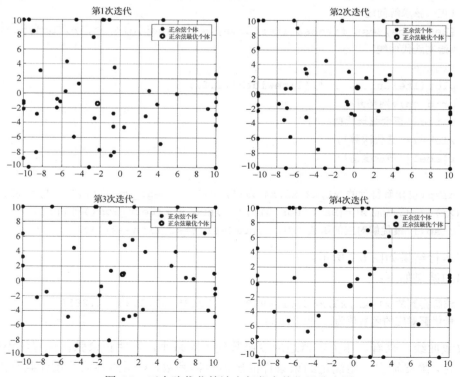

图 6.8 正余弦优化算法中每代个体位置分布图

从图 6.8 可以看出，随着迭代次数的增加，最优个体位置向最优位置(0,0)靠近，说明该算法不断地朝着最优位置靠近。通过这种方式可以直观地看到正余弦优化算法的搜索过程，使得优化算法变得更加直观。

记录每代位置的 MATLAB 代码如下：

```
%%--------------正余弦优化算法----------------------%%
%% 输入：
%    pop 为种群数量
%    dim 为单个个体的维度
%    ub 为上边界，维度为[1,dim]
%    lb 为下边界，维度为[1,dim]
%    fobj 为适应度函数接口
%    maxIter 为算法的最大迭代次数，用于控制算法的停止
%% 输出：
%    Best_Pos 为利用正余弦优化算法找到的最优位置
%    Best_fitness 为最优位置对应的适应度值
%    IterCurve 用于记录每次迭代的最优适应度值，即后续用来绘制迭代曲线
%    HistoryPosition 为用于记录每代个体的位置
%    HistoryBest 用于记录每代最优个体位置
function [Best_Pos,Best_fitness,IterCurve,HistoryPosition,HistoryBest]
= SCA(pop,dim,ub,lb,fobj,maxIter)

    a = 2;%算法中的常数 a

    %% 初始化种群位置
    X = initialization(pop,ub,lb,dim);
    %% 计算适应度值
    fitness = zeros(1,pop);
    for i = 1:pop
      fitness(i) = fobj(X(i,:));
    end
    %寻找适应度值最小的位置，记录全局最优位置
    [SortFitness,indexSort] = sort(fitness);
    gBest = X(indexSort(1),:); %全局最优位置
    gBestFitness = SortFitness(1);  %全局最优位置对应的适应度值
    %开始迭代
    for t = 1:maxIter
        r1 = a - t*(a/maxIter);%计算r1;
      for i = 1:pop
        for j = 1:dim
            %更新 r2, r3, r4
            r2 = rand()*(2*pi);
            r3 = 2*rand();
            r4 = rand();
            %正余弦位置更新
            if r4 < 0.5
                X(i,j) = X(i,j)+(r1*sin(r2)*abs(r3*gBest(j)-X(i,j))); %正弦更新
```

```
            else
                X(i,j) = X(i,j)+(r1*cos(r2)*abs(r3*gBest(j)-X(i,j))); %余弦更新
            end
        end
        %% 边界检查
        X(i,:) = BoundaryCheck(X(i,:),ub,lb,dim);
    end
    %计算适应度值
    for i = 1:pop
        fitness(i) = fobj(X(i,:));
        % 更新全局最优值
        if  fitness(i) < gBestFitness
            gBestFitness = fitness(i);
            gBest = X(i,:);
        end
    end
    %记录绘图信息
    HistoryPosition{t} = X;
    HistoryBest{t} = gBest;

    IterCurve(t)= gBestFitness;
    end
    Best_Pos = gBest;
    Best_fitness = gBestFitness;
end
```

绘制每代正余弦分布的绘图函数代码如下：

```
%% 绘制每代正余弦的分布
for i = 1:maxIter
    Position = HistoryPosition{i};          %获取当前代位置
    BestPosition = HistoryBest{i};          %获取当前代最优位置
    figure(3)
    plot(Position(:,1),Position(:,2),'*','linewidth',3);
    hold on;
    plot(BestPosition(1),BestPosition(2),'ro','linewidth',3);
    grid on;
    axis([-10 10,-10,10])
    legend('正余弦个体','正余弦最优个体');
    title(['第',num2str(i),'次迭代']);
    hold off
end
```

参 考 文 献

[1] SEYEDALI M. SCA: A Sine Cosine Algorithm for solving optimization problems[J]. Knowledge-Based Systems,2016,96(none):120-133.

[2] 李士勇，李研，林永茂. 智能优化算法与涌现计算[M]. 北京：清华大学出版社，2019.

[3] 鲍小丽，贾鹤鸣，郎春博，等. 正余弦优化算法在多阈值图像分割中的应用[J]. 森林工程，2019, 35(04):58-64.

[4] 王远. 正余弦算法及其应用研究[D]. 西安：西安理工大学，2019.

[5] 雍龙泉，黎延海，贾伟. 正弦余弦算法的研究及应用综述[J]. 计算机工程与应用，2020, 56(14):26-34.

[6] 石磊.一种改进的正弦余弦优化算法[D]. 武汉：武汉大学，2018.

[7] ARORA J. S. Introduction to Optimum Design[M]. America: Academic Press, 2004.

[8] 胡志敏，颜学峰. 双层粒子群算法及应用于压力容器设计[J]. 计算机与应用化学，2012, 29(09):111-114.

第 7 章　多元宇宙优化算法及其 MATLAB 实现

7.1　多元宇宙优化算法的基本原理

多元宇宙优化（Multi-Verse Optimization，MVO）算法是由澳大利亚学者 Seyedali Mirjalili 等人于 2016 年提出的一种新型智能优化算法。该算法模拟基于宇宙中的物质通过虫洞由白洞向黑洞进行转移的原理。在多元宇宙优化算法中，主要的性能参数是虫洞存在可能性和虫洞旅程距离速率，参数相对较少，在低维度数值实验中表现出了相对优异的性能。

该算法的基本原理是：宇宙在随机创建过程中，高膨胀率的物体总是趋于低膨胀率的物体，这种万有引力作用可以使物体转移，借助相关宇宙学规则，可以在搜索空间逐渐趋于最优位置。遍历过程主要分为探索和开采，虫洞可以作为转移物体的媒介，通过白洞和黑洞交互作用进行搜索空间探测。

7.1.1　宇宙的定义

假设搜索空间存在的宇宙矩阵为

$$U = \begin{bmatrix} x_1^1 & x_1^2 & \cdots & x_1^d \\ x_2^1 & x_2^2 & \cdots & x_2^d \\ \cdots & \cdots & \ddots & \cdots \\ x_n^1 & x_n^2 & \cdots & x_n^d \end{bmatrix} \tag{7.1}$$

其中，d 为变量个数，n 为宇宙数量（候选解）。

$$x_i^j = \begin{cases} x_k^j, & r_1 < \mathrm{NI}(U_i) \\ x_i^j, & r_1 \geqslant \mathrm{NI}(U_i) \end{cases} \tag{7.2}$$

其中，x_i^j 为第 i 个宇宙的第 j 个变量，U_i 为第 i 个宇宙，$\mathrm{NI}(U_i)$ 为第 i 个宇宙的标准膨胀率，r_1 为区间[0, 1]内的随机数，x_k^j 为根据轮盘赌策略被选中的第 i 个宇宙的第 j 个变量。

7.1.2　传输机制

通过式（7.2）中的标准膨胀率大小，白洞将以螺旋形式搜索，膨胀率低的物体更易于通过白洞或黑洞输送物体。同等情况下，膨胀率更高的物体拥有白洞的可能性更高，膨胀率更低的物体拥有黑洞的可能性更低。根据搜索机制，在排除扰动影响时，为了使其始终处于探索过程，每个宇宙均通过虫洞随机传送物体。白洞传送物体穿过虫洞，多元宇宙优化算法概念模型如图 7.1 所示。

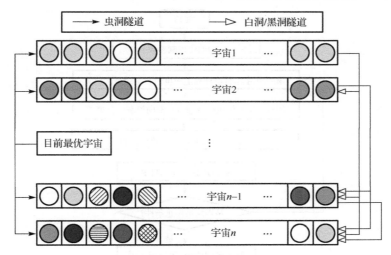

图 7.1 多元宇宙优化算法概念模型

为了提高宇宙利用虫洞提高物体膨胀率的可能性，假设虫洞隧道总是建立在宇宙和最优宇宙之间的，则这种机制可以写成

$$x_i^j = \begin{cases} X_j + \text{TDR} \times ((\text{ub}_j - \text{lb}_j) \times r_4 + \text{lb}_j), & r_3 < 0.5, \quad r_2 < \text{WEP} \\ X_j - \text{TDR} \times ((\text{ub}_j - \text{lb}_j) \times r_4 + \text{lb}_j), & r_3 \geq 0.5 \quad r_2 < \text{WEP} \\ x_i^j, r_2 \geq \text{WEP} \end{cases} \tag{7.3}$$

其中，X_j 为目前最优宇宙的第 j 个变量，WEP 和 TDR 是两个系数，ub_j 为第 j 个变量的最大值，lb_j 为第 j 个变量的最小值，x_i^j 为第 i 个宇宙中的第 j 个变量；r_2, r_3, r_4 均为区间[0, 1]内的随机数。

7.1.3 虫洞系数

多元宇宙优化算法主要有两个系数：虫洞存在可能性（Wormhole Existence Probability，WEP）和旅程距离速率（Travelling Distance Rate，TDR），TDR 用于定义宇宙空间虫洞存在的可能性，同时表示物体在最优宇宙附近通过虫洞进行转换的距离。

$$\text{WEP} = \min + t \times (\frac{\max - \min}{\text{mIter}}) \tag{7.4}$$

其中，min 为 WEP 最小值，max 为 WEP 最大值，t 为当前迭代次数，mIter 为最大迭代次数。

$$\text{TDR} = 1 - \frac{t^{1/p}}{\text{mIter}^{1/p}} \tag{7.5}$$

其中，p 定义了随迭代次数改变的探测速度，p 值越大，局部探测速度越快，用时越短。

7.1.4 多元宇宙优化算法流程

多元宇宙优化算法流程图如图 7.2 所示。

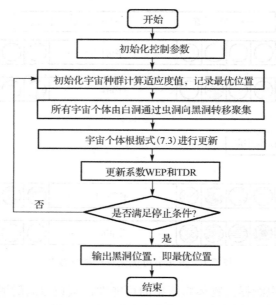

图 7.2 多元宇宙优化算法流程图

多元宇宙优化算法的具体步骤如下。

步骤 1：初始化控制参数，包括宇宙个数 pop、参数 WEP 与 TDR、最大迭代次 iterMax。

步骤 2：初始化宇宙种群，寻找当前宇宙黑洞及其位置，并计算其适应度值，记录最优位置。

步骤 3：所有个体由白洞通过虫洞向黑洞转移聚集。以当前最优宇宙位置为中心，按照转移聚集规则产生新的最优位置，并替换原来的位置。

步骤 4：宇宙个体更新。若更新后宇宙个体适应度值比原来更优，则按照更新公式（7.3）更新个体；否则不更新。

步骤 5：计算各点的适应度值，记录最优值和最优位置。

步骤 6：判断是否达到迭代次数，若达到，则输出最优位置；否则重复步骤 2～6。

7.2 多元宇宙优化算法的 MATLAB 实现

7.2.1 种群初始化

7.2.1.1 MATLAB 相关函数

函数 rand()是 MATLAB 自带的随机数生成函数，会生成区间[0,1]内的随机数。

```
>> rand()

ans =

    0.5640
```

若要一次性生成多个随机数，则可以这样使用 rand(row,col)，其中 row 与 col 分别代表行和列，如 rand(3,4)表示生成 3 行 4 列的范围在区间[0,1]内的随机数。

```
>> rand(3,4)

ans =

    0.1661    0.1130    0.4934    0.0904
    0.2506    0.8576    0.7964    0.4675
    0.2860    0.2406    0.5535    0.7057
```

若要生成指定范围内的随机数，则可以利用如下表达式表示：

$$r = \text{lb} + (\text{ub} - \text{lb}) \times \text{rand}()$$

其中，ub 表示范围的上边界，lb 表示范围的下边界。如在[0,4]范围内生成 5 个随机数。

```
>> (4-0).*rand(1,5) + 0

ans =

    0.1692    2.9335    1.8031    2.0817    1.6938
```

7.2.1.2　多元宇宙初始化函数编写

定义多元宇宙初始化函数名称为 initialization，并单独编写成一个函数，将其存放在 initialization.m 文件中。利用 7.2.1.1 节中的随机数生成方式，生成初始种群。

```
%% 多元宇宙初始化函数
function X = initialization(pop,ub,lb,dim)
    %pop 为宇宙种群数量
    %dim 为宇宙个体的维度
    %ub 为个体维度变量的上边界，维度为[1, dim]
    %lb 为个体维度变量的下边界，维度为[1, dim]
    %X 为输出的种群，维度为 pop, dim
    X = zeros(pop,dim); %为 X 事先分配空间
    for i = 1:pop
      for j = 1:dim
         X(i,j) = (ub(j) - lb(j))*rand() + lb(j);
         %生成区间[lb,ub]内的随机数
      end
    end
end
```

假设宇宙数量为 10，每个宇宙维度均为 5，每个维度的边界均为[-5,5]，利用初始化函数初始宇宙种群。

```
>> pop = 10;
dim = 5;
ub = [5,5,5,5,5];
lb = [-5,-5,-5,-5,-5];
X = initialization(pop,ub,lb,dim)
X =
```

```
     4.0128    -4.1002    2.2631    0.3289   -3.5791
    -4.0030    -1.2295   -2.8867   -4.7501   -2.3254
     2.9829    -1.4263    2.9411   -3.0492   -3.6387
     1.3984    -1.3664    2.9571    0.0372   -2.8473
     0.8161    -0.8394    1.6395    2.3809    3.3831
    -0.5585     0.9041    2.4232   -0.1881   -4.5387
     3.3292    -2.0766   -1.9047   -2.3631    4.8229
     2.8580    -0.6887    4.4058    0.4283   -0.1423
    -0.2458    -0.3057   -4.3353   -1.4527   -3.6862
     2.5432     0.9329    2.0006   -2.4433    4.3412
```

7.2.2　适应度函数

适应度函数是优化问题的目标函数，根据不同应用设计相应的适应度函数。我们可以把自己设计的适应度函数单独写成一个函数，方便优化算法调用。一般将适应度函数命名为 fun，这里我们定义一个适应度函数并存放在 fun.m 文件中，这里适应度函数定义如下：

```
%% 适应度函数
function fitness = fun(x)
%x 为输入一个宇宙，维度为[1,dim]
%fitness 为输出的适应度值
    fitness = sum(x.^2);
end
```

这里我们的适应度值就是 x 所有值的平方和，如 $x = [1,2]$，那么经过适应度函数计算后得到的值为 5。

```
>> x = [1,2];
fitness = fun(x)

fitness =

    5
```

7.2.3　边界检查和约束

边界检查的作用是防止变量超过规定的范围，一般当变量大于上边界时，直接将其设置为上边界；当变量小于下边界时，直接将其设置为下边界。具体逻辑表达式如下：

$$val = \begin{cases} ub, & val > ub \\ lb, & val < lb \end{cases}$$

定义边界检查函数为 BoundaryCheck()，并将其保存为 BoundaryCheck.m 文件。

```
%% 边界检查函数
function [X] = BoundaryCheck(x,ub,lb,dim)
    %dim 为数据维度的大小
    %x 为输入数据，维度为[1, dim]
    %ub 为数据上边界，维度为[1, dim]
```

```
%lb 为数据下边界, 维度为[1, dim]
for i = 1:dim
    if x(i) > ub(i)
        x(i) = ub(i);
    end
    if x(i) < lb(i)
        x(i) = lb(i);
    end
end
X = x;
end
```

假设 $x = [1,-2,3,-4]$, 定义的上边界为[1,1,1,1], 下边界为[-1,-1,-1,-1]。于是经过边界检查和约束后, X 应为[1,-1,1,-1]。

```
>> dim = 4;
x = [1,-2,3,-4];
ub = [1,1,1,1];
lb = [-1,-1,-1,-1];
X = BoundaryCheck(x,ub,lb,dim)

X =

    1    -1    1    -1
```

7.2.4 轮盘赌策略

在多元宇宙优化算法中, 黑洞与白洞交互时的选择是通过轮盘赌策略进行的。轮盘赌策略是指在宇宙中, 随机挑选一个宇宙, 但是挑选概率并不是均匀分布的, 而是适度值越好, 被挑选中的概率越大。定义轮盘赌策略函数为 RouletteWheelSelection(), 并将其保存为 RouletteWheelSelection.m 文件。

```
%% 轮盘赌策略
% weights 为输入的权重, 在算法中为各个体的适应度值
% choice 为输出, 其含义为被选中宇宙的索引
function choice = RouletteWheelSelection(weights)
 accumulation = cumsum(weights); %权重累加
 p = rand() * accumulation(end);
 %定义选择阈值, 通过随机概率与总和的乘积作为阈值
 chosen_index = -1;
 for index = 1 : length(accumulation)
   if (accumulation(index) >= p)
   %若大于或等于阈值, 则输出当前索引并将其作为结果, 结束循环
     chosen_index = index;
     break;
   end
 end
 choice = chosen_index;
end
```

其中，涉及的函数 cumsum() 为累加函数，如 $X = [x_1,x_2,x_3]$，那么 cumsum(X) 得到的结果为 $X = [x_1,(x_1+x_2),x_3]$。

```
>> cumsum([1,1,3])

ans =

     1     2     5
```

为了验证轮盘赌策略的有效性，假设 $X = [1,5,3]$，那么我们运行 200 次，理论上选中 5 的概率应该比较大，即返回的索引应该是位置 2，测试如下：

```
X = [1,5,3];
for i = 1:20
    index(i) = RouletteWheelSelection(X);
end
%统计位置1，2，3被选中的概率
p1 = sum(index == 1)/20;
p2 = sum(index == 2)/20;
p3 = sum(index == 3)/20;
disp(['位置1被选中的概率: ',num2str(p1)]);
disp(['位置2被选中的概率: ',num2str(p2)]);
disp(['位置3被选中的概率: ',num2str(p3)]);
```

输出结果如下：

```
位置1被选中的概率: 0.15
位置2被选中的概率: 0.5
位置3被选中的概率: 0.35
```

从输出结果来看，确实是位置 2 被选中的概率更高。

7.2.5 多元宇宙优化算法代码

将整个多元宇宙优化算法定义为一个模块，模块名称函数为 MVO，并将其存储为 MVO.m 文件。整个多元宇宙优化算法的 MATLAB 代码编写如下：

```
%%--------------多元宇宙优化算法--------------------%%
%% 输入:
%   pop 为宇宙种群数量
%   dim 为单个个体的维度
%   ub 为上边界，维度为[1,dim]
%   lb 为下边界，维度为[1,dim]
%   fobj 为适应度函数接口
%   maxIter 为算法的最大迭代次数，用于控制算法的停止
%% 输出:
%   Best_Pos 为多元宇宙优化算法找到的最优位置
%   Best_fitness 为最优位置对应的适应度值
%   IterCurve 用于记录每次迭代的最佳适应度值，即后续用来绘制迭代曲线
```

```matlab
function [Best_Pos,Best_fitness,IterCurve]=MVO(pop,dim,ub,lb,fobj,maxIter)
    %WEP 参数
    WEPmax = 1;
    WEPmin = 0.2;


    %% 初始化宇宙种群位置
    Universes = initialization(pop,ub,lb,dim);
    %% 计算适应度值
    fitness = zeros(1,pop);
    for i = 1:pop
        fitness(i) = fobj(Universes(i,:));
    end
    %寻找适应度值最小的位置,记录全局最优位置
    [SortFitness,indexSort] = sort(fitness);
    gBest = Universes(indexSort(1),:); %全局最优位置
    gBestFitness = SortFitness(1);   %全局最优位置对应的适应度值
    %开始迭代
    for t = 1:maxIter
        %计算 WEP
        WEP = WEPmin+t*((WEPmax-WEPmin)/maxIter);
        %计算 TDR
        TDR = 1-((t)^(1/6)/(maxIter)^(1/6));
        %对宇宙进行排序
        [SortFitness,indexSort] = sort(fitness);
        Sorted_universes = Universes(indexSort,:);
        %计算膨胀率,即将适应度值归一化到区间[0,1]内
        Inflation_rates = mapminmax(SortFitness, 0, 1);
        for i = 1:pop
            Back_hole_index = i;
            for j = 1:dim
                r1=rand();
                %% 黑洞与白洞传递
                if r1<Inflation_rates(i)
                    White_hole_index=RouletteWheelSelection(-Inflation_rates);
    %利用轮盘赌策略选择一个白洞,这里取负数,是为了让适应度值越小的白洞,被选择的概率越大
                    Universes(Back_hole_index,j)=Sorted_universes(White_hole_index,j);
    %黑洞与白洞宇宙传递
                end
                %% 宇宙位置更新
                r2 = rand();
                if r2 < WEP
                    r3 = rand();
                    if r3 < 0.5
                    Universes(i,j)=gBest(1,j)+TDR*((ub(j)-lb(j))*rand+lb(j));
                    end
```

```
                    if r3>0.5
                        Universes(i,j) = gBest(1,j)-TDR*((ub(j)-lb(j))*rand+lb(j));
                    end
                end
            end
            %% 边界检查
            Universes(i,:) = BoundaryCheck(Universes(i,:),ub,lb,dim);
        end
        %计算适应度值
        for i = 1:pop
            fitness(i) = fobj(Universes(i,:));
            % 更新全局最优值
            if  fitness(i) < gBestFitness
                gBestFitness = fitness(i);
                gBest = Universes(i,:);
            end
        end
        IterCurve(t) = gBestFitness;
    end
    %输出最优值位置和对应的适应度值
    Best_Pos = gBest;
    Best_fitness = gBestFitness;
end
```

至此，多元宇宙优化算法的代码基本编写完成，所有涉及多元宇宙优化算法的子函数均包括如图 7.3 所示的.m 文件：

BoundaryCheck.m	2021/3/13 12:55	MATLAB Code	1 KB
RouletteWheelSelection.m	2021/3/18 10:55	MATLAB Code	1 KB
fun.m	2021/4/21 10:13	MATLAB Code	1 KB
initialization.m	2021/4/22 15:07	MATLAB Code	1 KB
MVO.m	2021/4/25 16:09	MATLAB Code	3 KB

图 7.3 .m 文件

下一节将讲解如何使用上述多元宇宙优化算法来解决优化问题。

7.3 多元宇宙优化算法的应用案例

7.3.1 求解函数极值

问题描述：求解一组 x_1, x_2，使得下面函数的值最小。

$$f(x_1, x_2) = x_1^2 + x_2^2$$

其中，x_1 与 x_2 的取值范围分别为[-10,10]，[-10,10]。

首先，可以利用 MATLAB 绘图方式来查看搜索空间是什么，绘制该函数搜索曲面如图 7.4 所示。

```
%% 绘制 f(x1,x2)的搜索曲面
x1 = -10:0.01:10;
x2 = -10:0.01:10;
for i = 1:size(x1,2)
    for j = 1:size(x2,2)
        X1(i,j) = x1(i);
        X2(i,j) = x2(j);
        f(i,j) = x1(i)^2 + x2(j)^2;
    end
end
surfc(X1,X2,f,'LineStyle','none'); %绘制搜索曲面
```

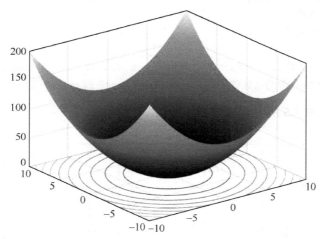

图 7.4　$f(x_1,x_2)$搜索曲面

从函数表达式和搜索空间可知，该函数的最小值为 0，最优解为 $x_1 = 0$，$x_2 = 0$。利用多元宇宙优化算法对该问题进行求解，设置宇宙种群数量 pop 为 50，最大迭代次数 maxIter 为 100，由于是求解 x_1 与 x_2，因此将个体的维度 dim 设为 2，个体的上边界 ub =[10,10]，个体下边界 lb=[-10,-10]。根据问题设定适应度函数 fun.m 如下：

```
%% 适应度函数
function fitness = fun(x)
%x 为输入个体当前位置，维度为[1,dim]
%fitness 为输出的适应度值
    fitness = x(1)^2 + x(2)^2;
end
```

求解该问题的主函数 main.m 如下：

```
%%利用多元宇宙优化算法求解 x1^2 + x2^2 的最小值
clc;clear all;close all;
%多元宇宙优化算法的参数设定
pop = 50;%宇宙种群数量
dim = 2;%宇宙变量维度
ub = [10,10];%多元宇宙上边界
lb = [-10,-10];%多元宇宙下边界
maxIter = 100;%最大迭代次数
fobj = @(x) fun(x);%设置适应度函数为 fun(x)
%多元宇宙求解问题
[Best_Pos,Best_fitness,IterCurve] = MVO(pop,dim,ub,lb,fobj,maxIter);
%绘制迭代曲线
figure
plot(IterCurve,'r-','linewidth',1.5);
grid on;%网格开
title('多元宇宙迭代曲线')
xlabel('迭代次数')
ylabel('适应度值')

disp(['求解得到的x1, x2 为：',num2str(Best_Pos(1)),'  ',num2str(Best_Pos(2))]);
disp(['最优解对应的函数值为：',num2str(Best_fitness)]);
```

程序运行结果如图 7.5 所示。

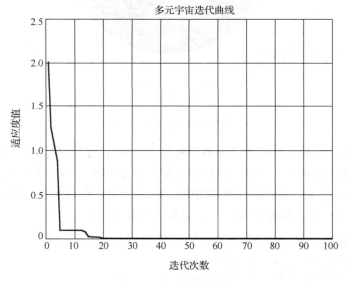

图 7.5 程序运行结果

输出的结果如下：

```
求解得到的 x1，x2 为：-0.0013869   0.0011857
最优解对应的函数值为：3.3293e-06
```

从多元宇宙优化算法寻优的结果来看,利用多元宇宙优化算法得到的最终值(–0.0013869, 0.0011857)非常接近理论最优值(0, 0),表明多元宇宙优化算法具有寻优能力强的特点。

7.3.2 带约束问题求解:基于多元宇宙优化算法的压力容器设计

7.3.2.1 问题描述

压力容器设计问题的目标是使压力容器制作(配对、成型和焊接)成本最低,压力容器示意图如图 7.6 所示,压力容器的两端都由封盖封住,头部一端的封盖为半球状。L 是不考虑头部的圆柱体部分的截面长度,R 是圆柱体的内壁半径,T_s 和 T_h 分别表示圆柱体的壁厚和头部的壁厚,L、R、T_s 和 T_h 即为压力容器设计问题的 4 个优化变量。问题的目标函数表示如下:

$$x = [x_1, x_2, x_3, x_4] = [T_s, T_h, R, L]$$

$$\min f(x) = 0.6224 x_1 x_3 x_4 + 1.7781 x_2 x_3^2 + 3.1661 x_1^2 x_4 + 19.84 x_1^2 x_3$$

目标函数的约束条件表示如下:

$$g_1(x) = -x_1 + 0.0193 x_3 \leqslant 0$$

$$g_2(x) = -x_2 + 0.00954 x_3 \leqslant 0$$

$$g_3(x) = -\pi x_3^2 - 4\pi x_3^3 / 3 + 129600 \leqslant 0$$

$$g_4(x) = x_4 - 240 \leqslant 0$$

$$0 \leqslant x_1 \leqslant 100, \ 0 \leqslant x_2 \leqslant 100, \ 10 \leqslant x_3 \leqslant 100, 10 \leqslant x_4 \leqslant 100$$

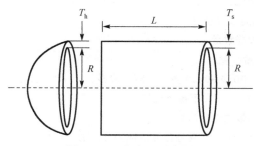

图 7.6 压力容器示意图

7.3.2.2 适应度函数设计

在该问题中,我们求解的问题是带约束条件的问题,其中约束条件为

$$0 \leqslant x_1 \leqslant 100, \ 0 \leqslant x_2 \leqslant 100, \ 10 \leqslant x_3 \leqslant 100, 10 \leqslant x_4 \leqslant 100$$

通过寻优边界设置约束条件,即设置上边界 ub=[100,100,100,100],下边界 lb =[0,0,10,10]。其中,需要在适应度函数中对 $g_1(x), g_2(x), g_3(x), g_4(x)$ 进行约束,若 x_1, x_2, x_3, x_4 不满足约束条件,则设置该适应度函数无效,并将其设置为 inf。定义适应度函数 fun.m 如下:

```
% 压力容器适应度函数
function fitness = fun(x)
    x1 = x(1); %Ts
    x2 = x(2); %Th
    x3 = x(3); %R
    x4 = x(4); %L


    %% 约束条件判断
    g1 = -x1+0.0193*x3;
    g2=-x2+0.00954*x3;
    g3=-pi*x3^2-4*pi*x3^3/3+1296000;
    g4=x4-240;
    if(g1<=0&&g2<=0&&g3<=0&&g4<=0)%若满足约束条件，则计算适应度值
        fitness = 0.6224*x1*x3*x4 + 1.7781*x2*x3^2 + 3.1661*x1^2*x4 +
19.84*x1^2*x3;
    else%否则适应度值无效
        fitness = inf;
    end
end
```

7.3.2.3 多元宇宙优化算法主函数设计

通过上述分析，可以设置多元宇宙优化算法的参数为：种群数量 pop 为 50，最大迭代次数 maxIter 为 500，个体的维度 dim 为 4（x_1, x_2, x_3, x_4），个体上边界 ub =[100,100,100,100]，个体下边界 lb=[0,0,10,10]，主函数 main.m 设计如下：

```
%% 基于多元宇宙优化算法的压力容器设计
clc;clear all;close all;
%多元宇宙优化算法的参数设定
pop = 50;%宇宙种群数量
dim = 4;%宇宙变量维度
ub = [100,100,100,100];%多元宇宙上边界
lb = [0,0,10,10];%多元宇宙下边界
maxIter = 500;%最大迭代次数
fobj = @(x) fun(x);%设置适应度函数为 fun(x)
%多元宇宙求解问题
[Best_Pos,Best_fitness,IterCurve] = MVO(pop,dim,ub,lb,fobj,maxIter);
%绘制迭代曲线
figure
plot(IterCurve,'r-','linewidth',1.5);
grid on;%网格开
title('多元宇宙迭代曲线')
xlabel('迭代次数')
ylabel('适应度值')
```

```
    disp(['求解得到的 x1,x2,x3,x4 为:',num2str(Best_Pos(1)),'    ',num2str
(Best_Pos(2)),' ',num2str(Best_Pos(3)),' ',num2str(Best_Pos(4))]);
    disp(['最优解对应的函数值为：',num2str(Best_fitness)]);
```

程序运行结果如图 7.7 所示。

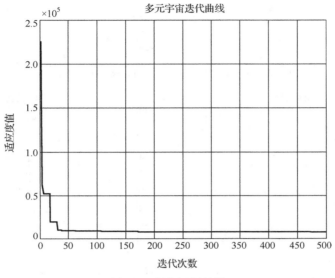

图 7.7　程序运行结果

输出结果如下：

```
    求解得到的 x1,x2,x3,x4 为:1.3253    0.64551 67.3969 10.3462
    最优解对应的函数值为：8194.941
```

由图 7.7 可知，压力容器适应度函数值不断减小，表明多元宇宙优化算法不断地对参数进行优化。最终输出了一组满足约束条件的压力容器参数，对压力容器的设计具有指导意义。

7.4　多元宇宙优化算法的中间结果

为了更加直观地了解宇宙个体在每代的分布、前后迭代、个体位置变化，以及以 7.3.1 节中求函数极值为例，如图 7.8 所示，需要将多元宇宙优化算法的中间结果绘制出来。为了达到此目的，我们需要记录每代个体的位置（History Position），同时记录每代最优个体的位置（History Best），然后通过 MATLAB 绘图函数将图像绘制出来。

从图 7.8 可以看出，随着迭代次数的增加，最佳个体位置向最优值(0, 0)靠近，说明该算法不断地朝着最优位置靠近。通过这种方式可以直观地看到多元宇宙优化算法的搜索过程，使该算法变得更加直观。

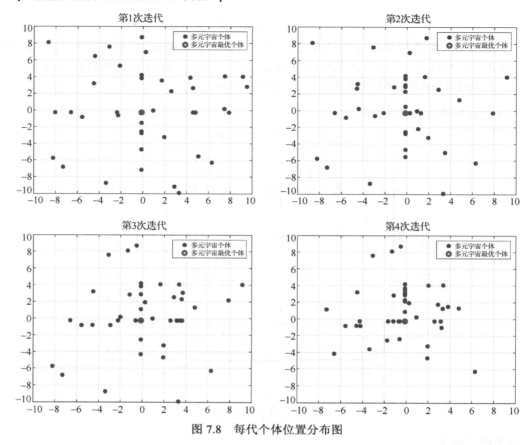

图 7.8　每代个体位置分布图

记录每代位置的 MATLAB 代码如下：

```
%%--------------多元宇宙优化算法---------------%%
%% 输入：
%   pop 为宇宙种群数量
%   dim 为单个宇宙个体的维度
%   ub 为上边界，维度为[1,dim]
%   lb 为下边界，维度为[1,dim]
%   fobj 为适应度函数接口
%   maxIter 为算法的最大迭代次数，用于控制算法的停止
%% 输出：
%   Best_Pos 为多元宇宙优化算法找到的最优位置
%   Best_fitness 为最优位置对应的适应度值
%   IterCuve 用于记录每次迭代的最佳适应度值，即后续用来绘制迭代曲线
%   HistoryPosition 用于记录每个个体的位置
%   HistoryBest 用于记录每代最优个体的位置
function [Best_Pos,Best_fitness,IterCurve,HistoryPosition,HistoryBest]
= MVO(pop,dim,ub,lb,fobj,maxIter)
    %WEP 参数
    WEPmax = 1;
    WEPmin = 0.2;
```

```matlab
%% 初始化宇宙种群位置
Universes = initialization(pop,ub,lb,dim);
%% 计算适应度值
fitness = zeros(1,pop);
for i = 1:pop
  fitness(i) = fobj(Universes(i,:));
end
%寻找适应度最小的位置，记录全局最优值
[SortFitness,indexSort] = sort(fitness);
gBest = Universes(indexSort(1),:); %全局最优位置
gBestFitness = SortFitness(1);  %全局最优位置对应的适应度值
%开始迭代
for t = 1:maxIter
    %计算 WEP
    WEP = WEPmin+t*((WEPmax-WEPmin)/maxIter);
    %计算 TDR
    TDR = 1-((t)^(1/6)/(maxIter)^(1/6));
    %对宇宙个体适应度值进行排序
    [SortFitness,indexSort] = sort(fitness);
    Sorted_universes = Universes(indexSort,:);
    %计算膨胀率，即将适应度值归一化到区间[0,1]内
    Inflation_rates = mapminmax(SortFitness, 0, 1);
    for i = 1:pop
        Back_hole_index = i;
        for j = 1:dim
            r1 = rand();
          %% 黑洞与白洞传递
            if r1 < Inflation_rates(i)
                White_hole_index = RouletteWheelSelection(-Inflation_rates);
%利用轮盘赌策略选择一个白洞，这里取负数，是让适应度值越小的白洞被选择的概率越大
                Universes(Back_hole_index,j)=Sorted_universes(White_hole_index,j);
%黑白洞宇宙传递
            end
          %% 宇宙位置更新
            r2 = rand();
            if r2<WEP
                r3 = rand();
                if r3 < 0.5
            Universes(i,j) = gBest(1,j)+TDR*((ub(j)-lb(j))*rand+lb(j));
                end
                if r3>0.5
```

```matlab
                    Universes(i,j) = gBest(1,j)-TDR*((ub(j)-lb(j))*rand+lb(j));
                end
            end
        end
        %% 边界检查
        Universes(i,:) = BoundaryCheck(Universes(i,:),ub,lb,dim);
    end
    %计算适应度值
    for i = 1:pop
        fitness(i) = fobj(Universes(i,:));
        % 更新全局最优位置
        if fitness(i) < gBestFitness
            gBestFitness = fitness(i);
            gBest = Universes(i,:);
        end
    end
    HistoryPosition{t} = Universes;
    HistoryBest{t} = gBest;
    IterCurve(t) = gBestFitness;
    end
    %输出最优值位置和对应的适应度值
    Best_Pos = gBest;
    Best_fitness = gBestFitness;
end
```

绘制每代多元宇宙分布的绘图函数如下：

```matlab
%% 绘制每代多元宇宙的分布
for i = 1:maxIter
    Position = HistoryPosition{i};%获取当前代位置
    BestPosition = HistoryBest{i};%获取当前代最优位置
    figure(3)
    plot(Position(:,1),Position(:,2),'*','linewidth',3);
    hold on;
    plot(BestPosition(1),BestPosition(2),'ro','linewidth',3);
    grid on;
    axis([-10 10,-10,10])
    legend('多元宇宙个体','多元宇宙最优个体');
    title(['第',num2str(i),'次迭代']);
    hold off
end
```

参 考 文 献

[1]　MIRJALILI S, MOHAMMAD M, HATAMLOU A. Multi-Verse Optimizer: a nature-inspired algorithm for global optimization[J]. Neural Computing and Applications, 2016, 27(2): 495-513.

[2]　刘京昕. 多元宇宙优化算法的改进及应用[D]. 南宁: 广西民族大学，2019.

[3]　潘魏. 多元宇宙优化算法及应用研究[D]. 南宁: 广西民族大学，2017.

[4]　刘世宇，王孜航，杨德友. 多元宇宙优化算法及其在电力系统环境经济调度的应用[J].东北电力大学学报，2018, 38(04): 19-26.

[5]　黄元，付义，康益堃，等. 多元宇宙优化的林区道路图像检测方法[J].林业机械与木工设备，2020, 48(02): 16-19.

[6]　ARORA J. S. Introduction to Optimum Design[M]. America: Academic Press, 2004.

[7]　胡志敏，颜学峰. 双层粒子群优化算法及应用于压力容器设计[J]. 计算机与应用化学，2012，29(09): 111-114.

第 8 章　引力搜索算法及其 MATLAB 实现

8.1　引力搜索算法的基本原理

引力搜索算法（Gravitational Search Algorithm，GSA）是由伊朗学者 Esmat Rashedi 等人于 2009 年提出的一种新的智能优化算法，该算法是对物理学中的万有引力进行模拟产生的群智能优化算法。该算法的主要机制是具有不同质量的个体在解空间中相互吸引，个体的性能由其自身具有的质量决定。个体之间通过引力作用相互吸引，且都朝着质量大的个体运动。

8.1.1　万有引力定律

引力搜索算法遵循牛顿万有引力定律，即在宇宙中任何两个个体之间都是相互吸引的，引力的大小与它们质量的乘积成正比，与它们之间距离的平方成反比。在数学上可以表示为

$$F = G\frac{M_1 M_2}{R^2} \tag{8.1}$$

其中，F 为总引力大小，G 为万有引力常数，其值为 6.67259×10^{-11}，M_1 和 M_2 为相互作用的两个物体的质量，R 为两个物体之间的距离。

由牛顿第二运动定律可知：个体加速度的大小与其所受合外力的大小成正比，与该个体的质量成反比，且加速度的方向与其所受合外力的方向相同。计算公式为

$$F = Ma \tag{8.2}$$

其中，F 为合外力，M 为物体的质量，a 为物体的加速度。

个体之间的万有引力作用图如图 8.1 所示，F_{1j} 表示个体 M_j 作用在个体 M_1 上的万有引力大小，F_1 表示作用在个体 M_1 上的万有引力合力的大小，F_1 使个体 M_1 获得加速度 a_1。

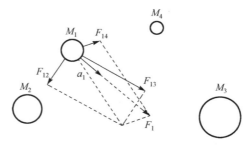

图 8.1　个体之间的万有引力作用图

在引力搜索算法中，个体具有位置、惯性质量、主动引力质量和被动引力质量共 4 个属性，其中个体的惯性质量、主动引力质量和被动引力质量均由优化问题的适应度函数决定。在引力搜索算法中，优化问题的解即是空间中运行的个体，由于万有引力的作用，这些个体

之间彼此相互吸引，它们的运动遵循运动力学规律，惯性质量小的个体会不断地朝着惯性质量大的个体运动，通过不断地循环迭代最终得到优化问题的最优解（即惯性质量最大的个体）。

8.1.2　个体引力计算

假设个体被定义在一个 d 维的搜索空间内，由 N 个个体组成的种群为 $X = (X_1, X_2, \cdots, X_N)$，其中第 i 个个体的位置即问题的解为 $X_i = (x_i^1, x_i^2, \cdots, x_i^d)$，其中 x_i^d 是个体 i 在第 d 维空间上的位置。

在该算法中，个体的初始位置是随机产生的。某一时刻，个体 i 和个体 j 之间的万有引力大小为

$$F_{ij}^d = G(t) \frac{M_{pi}(t) M_{aj}(t)}{R_{ij}(t) + \varepsilon} (x_j^d(t) - x_i^d(t)) \tag{8.3}$$

其中，$M_{aj}(t)$ 和 $M_{pi}(t)$ 分别表示个体 j 的主动引力质量和个体 i 的被动引力质量，ε 是一个很小的常量，防止分母为零。$G(t)$ 表示 t 时刻的引力常数，$R_{ij}(t)$ 表示个体 i 和个体 j 之间的欧氏距离。

引力常数 $G(t)$ 是由某个初始值随着时间的推移不断减小的函数，其计算公式为

$$G(t) = G_0 \mathrm{e}^{-\alpha \frac{t}{T}} \tag{8.4}$$

其中，G_0 和 α 均为常数，T 为最大迭代次数。$G(t)$ 影响引力搜索算法全局搜索能力和局部搜索能力的平衡，因此两个常数 G_0 和 α 的取值非常重要。一般情况下，G_0 取值为 100，α 取值为 20。

欧式距离 $R_{ij}(t)$ 的计算公式为

$$R_{ij}(t) = \| x_i(t), x_j(t) \|_2 \tag{8.5}$$

引力质量和惯性质量是根据优化问题的适应度函数计算得到的，这里假设引力质量和惯性质量相等，则根据适应度值的大小并根据以下公式计算每个个体的惯性质量 $M_i(t)$，即

$$M_{ai} = M_{pi} = M_i, i = 1, 2, \cdots, N \tag{8.6}$$

$$m_i(t) = \frac{\mathrm{fitness}_i(t) - \mathrm{worst}(t)}{\mathrm{best}(t) - \mathrm{worst}(t)} \tag{8.7}$$

$$M_i(t) = \frac{m_i(t)}{\sum_{j=1}^{N} m_j(t)}, i = 1, 2, \cdots, N \tag{8.8}$$

其中，$M_i(t)$ 是个体 i 在 t 时刻的适应度值，而 $\mathrm{best}(t)$ 和 $\mathrm{worst}(t)$ 分别表示在 t 时刻所有个体中最好的适应度值和最坏的适应度值。

针对求解目标函数最小值问题，将 $\mathrm{best}(t)$ 和 $\mathrm{worst}(t)$ 分别定义为

$$\mathrm{best}(t) = \min_{j \in \{1, \cdots, N\}} \mathrm{fitness}_j(t) \tag{8.9}$$

$$\text{worst}(t) = \max_{j \in \{1, \cdots, N\}} \text{fitness}_j(t) \tag{8.10}$$

在第 d 维空间中，个体 i 所受来自其他所有个体的作用力的总和 $F_i^d(t)$ 为

$$F_i^d(t) = \sum_{j \in \text{kbest}, j \neq i} \text{rand}_j F_{ij}^d(t) \tag{8.11}$$

其中，rand_j 是在区间[0,1]内的随机数，表示在第 t 次迭代时一组质量比较大的个体的数量。在引力搜索算法中，为了避免算法陷入局部最优，随着迭代次数的增加，算法的探索能力应该逐渐减弱，开发能力应该不断增强，为了平衡算法的探索能力和开发能力，$\text{kbest}(t)$ 应是一个随着时间推移而不断减小的线性函数。这里将 $\text{kbest}(t)$ 的初始值设为群体数量 N，随着迭代次数的增加，$\text{kbest}(t)$ 的函数值线性减小，最后 $\text{kbest}(t)$ 的函数值线性减小为 1，即最终只有一个质量最大的个体作用于其他个体。

8.1.3 加速度计算

根据牛顿第二运动定律，个体的加速度与它所受合外力的大小成正比，与它的质量成反比。因此，在 t 时刻，将个体 i 在第 d 维空间上的加速度 $a_i^d(t)$ 定义为

$$a_i^d(t) = \frac{F_i^d(t)}{M_i(t)} \tag{8.12}$$

8.1.4 速度和位置更新

根据加速度更新个体的速度和位置，更新公式为

$$V_i^d(t+1) = \text{rand}_i \times V_i^d(t) + a_i^d(t) \tag{8.13}$$

$$X_i^d(t+1) = X_i^d(t) + V_i^d(t+1) \tag{8.14}$$

8.1.5 引力搜索算法流程

引力搜索算法流程图如图 8.2 所示。

引力搜索算法的具体步骤如下：

步骤 1：给定种群规模 N，最大迭代次数 T，随机初始化个体的位置值，将个体的初始速度设置为零。

步骤 2：根据目标函数计算个体的适应度值 $\text{fitness}_i(t)$。

步骤 3：根据式（8.7）和式（8.8）计算每个个体的惯性质量 $M_i(t)$。

步骤 4：根据式（8.11）计算每个个体不同方向上的引力合力 $F_i^d(t)$。

步骤 5：根据式（8.12）计算个体的加速度 $a_i^d(t)$。

步骤 6：根据式（8.13）和式（8.14）更新每个个体的速度和位置。

步骤 7：返回步骤 2 循环迭代，直到达到最大循环次数或达到要求的精度为止。

步骤 8：结束循环，输出结果。

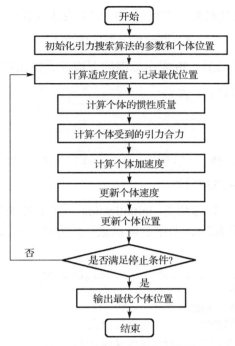

图 8.2 引力搜索算法流程图

8.2 引力搜索算法的 MATLAB 实现

8.2.1 位置初始化

8.2.1.1 MATLAB 相关函数

函数 rand()是 MATLAB 自带的随机数生成函数，能生成区间[0,1]内的随机数。

```
>> rand()

ans =

    0.5640
```

若要一次性生成多个随机数，则可以这样使用 rand(row,col)，其中 row 和 col 分别表示行和列，如 rand(3,4)表示生成 3 行 4 列的范围在区间[0,1]内的随机数。

```
>> rand(3,4)

ans =

    0.1661    0.1130    0.4934    0.0904
    0.2506    0.8576    0.7964    0.4675
    0.2860    0.2406    0.5535    0.7057
```

若要生成指定范围内的随机数，则可以利用如下表达式表示

$$r = lb + (ub - lb) \times rand()$$

其中，ub 表示范围的上边界，lb 表示范围的下边界。如在区间[0,4]内生成 5 个随机数。

```
>> (4-0).*rand(1,5) + 0

ans =

    0.1692    2.9335    1.8031    2.0817    1.6938
```

8.2.1.2 种群位置初始化函数编写

定义种群位置初始化函数名称为 initialization，并单独编写成一个函数将其存放在 initialization.m 文件中。利用 8.2.1.1 节中的随机数生成方式，生成初始种群。

```
%% 种群初始化函数
function X = initialization(pop,ub,lb,dim)
    %pop 为种群数量
    %dim 为每个个体的维度
    %ub 为每个个体的变量上边界，维度为[1,dim]
    %lb 为每个个体的变量下边界，维度为[1,dim]
    %X 为输出的种群，维度为[pop,dim]
    X = zeros(pop,dim); %为 X 事先分配空间
    for i = 1:pop
        for j = 1:dim
            X(i,j) = (ub(j) - lb(j))*rand() + lb(j);   %生成[lb,ub]之间的随机数
        end
    end
end
```

假设种群数量为 10，每个个体维度均为 5，每个个体维度的边界均为[-5,5]，利用初始化函数初始化种群。

```
>> pop = 10;
dim = 5;
ub = [5,5,5,5,5];
lb = [-5,-5,-5,-5,-5];
[X,Y] = initialization(pop,ub,lb,dim)

X =

    3.1472    4.0579   -3.7301    4.1338    1.3236
   -4.0246   -2.2150    0.4688    4.5751    4.6489
   -3.4239    4.7059    4.5717   -0.1462    3.0028
   -3.5811   -0.7824    4.1574    2.9221    4.5949
    1.5574   -4.6429    3.4913    4.3399    1.7874
    2.5774    2.4313   -1.0777    1.5548   -3.2881
    2.0605   -4.6817   -2.2308   -4.5383   -4.0287
    3.2346    1.9483   -1.8290    4.5022   -4.6555
```

```
    -0.6126    -1.1844     2.6552     2.9520    -3.1313
    -0.1024    -0.5441     1.4631     2.0936     2.5469


Y =

    -2.2397     1.7970     1.5510    -3.3739    -3.8100
    -0.0164     4.5974    -1.5961     0.8527    -2.7619
     2.5127    -2.4490     0.0596     1.9908     3.9090
     4.5929     0.4722    -3.6138    -3.5071    -2.4249
     3.4072    -2.4572     3.1428    -2.5648     4.2926
    -1.5002    -3.0340    -2.4892     1.1604    -0.2671
    -1.4834     3.3083     0.8526     0.4972     4.1719
    -2.1416     2.5720     2.5373    -1.1955     0.6782
    -4.2415    -4.4605     0.3080     2.7917     4.3401
    -3.7009     0.6882    -0.3061    -4.8810    -1.6288
```

8.2.2 适应度函数

适应度函数即是优化问题的目标函数，根据不同应用设计相应的适应度函数。我们可以把自己设计的适应度函数单独写成一个函数，方便优化算法调用。一般将适应度函数命名为 fun，这里我们定义一个适应度函数并存放在 fun.m 文件中，这里适应度函数定义如下：

```
%% 适应度函数
function fitness = fun(x)
%x 为输入一个个体，维度为[1,dim]
%fitness 为输出的适应度值
    fitness = sum(x.^2);
end
```

这里我们的适应度值就是 x 所有值的平方和，如 $x = [1,2]$，那么经过适应度函数计算后得到的值为 5。

```
>> x = [1,2];
fitness = fun(x)

fitness =

    5
```

8.2.3 边界检查和约束

边界检查的作用是防止变量超过规定的范围，一般当变量大于上边界时，直接将其设置为上边界；当变量小于下边界时，直接将其设置为下边界。具体逻辑表达式如下：

$$val = \begin{cases} ub, & val > ub \\ lb, & val < lb \end{cases}$$

定义边界检查函数为 BoundaryCheck()，并将其保存为 BoundaryCheck.m 文件。

```
%% 边界检查函数
function [X] = BoundaryCheck(x,ub,lb,dim)
    %dim 为数据的维度大小
    %x 为输入数据, 维度为[1,dim]
    %ub 为数据上边界, 维度为[1,dim]
    %lb 为数据下边界, 维度为[1,dim]
    for i = 1:dim
        if x(i) > ub(i)
            x(i) = ub(i);
        end
        if x(i) < lb(i)
            x(i) = lb(i);
        end
    end
    X = x;
end
```

假设 $x=[1,-2,3,-4]$, 定义的上边界为$[1,1,1,1]$, 下边界为$[-1,-1,-1,-1]$。于是经过边界检查和约束后, X 应为$[1,-1,1,-1]$。

```
>> dim = 4;
x = [1,-2,3,-4];
ub = [1,1,1,1];
lb = [-1,-1,-1,-1];
X = BoundaryCheck(x,ub,lb,dim)


X =

    1    -1     1    -1
```

8.2.4 计算质量

将利用引力搜索算法计算质量的过程定义为一个函数, 并将其命名为 massCalculation。根据式 (8.6) ~式 (8.8) 计算质量。具体 MATLAB 程序编写如下:

```
%%利用引力搜索算法计算质量
%输入: fitness 为所有个体适应度值
%输出: M 为所有个体的质量
function M = massCalculation(fitness)
    %寻找最优适应度值和最差适应度值
    bestF = min(fitness);
    worstF = max(fitness);
    %计算质量 M
    M = (fitness-worstF)./(bestF-worstF);
    M = M./sum(M);
end
```

8.2.5 计算引力常数

将利用引力搜索算法计算引力常数的过程定义为一个函数，并将其命名为 Gconstant。根据式（8.4）计算引力常数。具体 MATLAB 程序编写如下：

```
%% 引力常数计算
%输入：iteration 当前迭代次数
%      max_it 最大迭代次数
%输出： G 引力常数
function G = Gconstant(iteration,max_it)
  alfa = 20;G0=100;
  G = G0*exp(-alfa*iteration/max_it);
end
```

8.2.6 计算加速度

将利用引力搜索算法计算加速度 a 的过程定义为一个函数，并将其命名为 Acceleration。根据式（8.12）计算加速度。具体 MATLAB 程序编写如下：

```
%%利用引力搜索算法计算加速度
%输入：  M 为所有个体的质量
%        X 为所有个体的位置
%        iteration 为当前迭代次数
%        max_it 为最大迭代次数
%输出： a 为加速度
function a = Acceleration(M,X,G,iteration,max_it)
[N,dim] = size(X); %获取种群维度
final_per = 2; %在最后一次迭代时，只有两个个体相互吸引
kbest = final_per+(1-iteration/max_it)*(100-final_per); %计算 kbest 的数量
kbest = round(N*kbest/100);%计算 kbest 的数量
[Ms,ds] = sort(M,'descend');%对质量进行排序
 for i = 1:N
    F(i,:) = zeros(1,dim);
    for ii = 1:kbest
       j = ds(ii);
       if j~= i
          R = norm(X(i,:)-X(j,:),2); %计算欧式距离
          for k = 1:dim
             F(i,k) = F(i,k)+rand*(M(j))*((X(j,k)-X(i,k))/(R+eps));
%计算吸引力，注意 Mp(i)/Mi(i) = 1
          end
       end
    end
 end
   %%计算加速度
   a = F.*G; %注意 Mp(i)/Mi(i) = 1
end
```

8.2.7 位置更新

将利用引力搜索算法进行位置和速度更新的过程定义为一个函数，并将其命名为 move。根据式（8.13）和式（8.14）对速度和位置进行更新。具体 MATLAB 程序编写如下：

```
%%利用引力搜索算法对位置进行更新
%输入： X 为个体当前位置
%       a 为个体加速
%       V 为个体速度
%输出： X 为更新后的位置
%       V 为更新后的速度
function [X,V] = move(X,a,V)
[N,dim] = size(X);%获取种群维度
V = rand(N,dim).*V+a; %速度更新
X = X+V; %位置更新
end
```

8.2.8 引力搜索算法代码

定义引力搜索算法函数名称为 GSA，并将其保存为 GSA.m 文件，引力搜索算法的完整代码如下：

```
%%--------------引力搜索算法---------------------%%
%% 输入：
%   pop 为个体数量
%   dim 为单个个体的维度
%   ub 为上边界，维度为[1,dim]
%   lb 为下边界，维度为[1,dim]
%   fobj 为适应度函数接口
%   maxIter 为算法的最大迭代次数，用于控制算法的停止
%% 输出：
%   Best_Pos 为利用引力搜索算法找到的最优位置
%   Best_fitness 为最优位置对应的适应度值
%   IterCurve 用于记录每次迭代的最优适应度值，即后续用其绘制迭代曲线
function [Best_Pos,Best_fitness,IterCurve] = GSA(pop,dim,ub,lb,fobj,
maxIter)

    %% 初始化种群位置
    X = initialization(pop,ub,lb,dim);
    %% 计算适应度值
    fitness = zeros(1,pop);
    for i = 1:pop
       fitness(i) = fobj(X(i,:));
    end
    %寻找适应度值最小的位置，记录全局最优位置
    [SortFitness,indexSort] = sort(fitness);
    gBest = X(indexSort(1),:); %全局最优位置
    gBestFitness = SortFitness(1);  %全局最优位置对应的适应度值
```

```matlab
    M = zeros(pop,1);%声明质量矩阵
    V = zeros(pop,dim);%初始速度矩阵
    %开始迭代
    for t = 1:maxIter
        %计算质量
        M = massCalculation(fitness);
        %计算引力常数
        G = Gconstant(t,maxIter);
        %计算加速度
        a = Acceleration(M,X,G,t,maxIter);
        %位置更新
        [X,V] = move(X,a,V);
        for i = 1:pop
            X(i,:) = BoundaryCheck(X(i,:),ub,lb,dim);
        end
        %计算适应度值
         for i = 1:pop
            fitness(i) = fobj(X(i,:));
            % 更新全局最优值
            if fitness(i) < gBestFitness
                gBestFitness = fitness(i);
                gBest = X(i,:);
            end
         end
        IterCurve(t) = gBestFitness;
    end
    %输出最优值的位置和对应的适应度值
    Best_Pos = gBest;
    Best_fitness = gBestFitness;
end
```

至此，基本引力搜索算法的代码编写完成，所有涉及引力搜索算法的子函数都包括如图 8.3 所示的.m 文件。

BoundaryCheck.m	2021/3/13 12:55	MATLAB Code	1 KB
fun.m	2021/4/21 10:13	MATLAB Code	1 KB
initialization.m	2021/4/22 15:07	MATLAB Code	1 KB
Gconstant.m	2021/4/26 13:30	MATLAB Code	1 KB
massCalculation.m	2021/4/26 13:51	MATLAB Code	1 KB
Acceleration.m	2021/4/26 13:51	MATLAB Code	1 KB
GSA.m	2021/4/26 13:52	MATLAB Code	2 KB
move.m	2021/4/26 13:56	MATLAB Code	1 KB

图 8.3 .m 文件

下一节将讲解如何使用上述引力搜索算法来解决优化问题。

8.3 引力搜索算法的应用案例

8.3.1 求解函数极值

问题描述：求解一组 x_1, x_2，使得下面函数的值最小。

$$f(x_1, x_2) = x_1^2 + x_2^2$$

其中，x_1 与 x_2 的取值范围分别为[-10,10]，[-10,10]。

首先，利用 MATLAB 绘图的方式来查看搜索空间是什么，然后绘制该函数搜索曲面如图 8.4 所示。

```
%% 绘制 f(x1,x2) 的搜索曲面
x1 = -10:0.01:10;
x2 = -10:0.01:10;
for i = 1:size(x1,2)
    for j = 1:size(x2,2)
        X1(i,j) = x1(i);
        X2(i,j) = x2(j);
        f(i,j) = x1(i)^2 + x2(j)^2;
    end
end
surfc(X1,X2,f,'LineStyle','none'); %绘制搜索曲面
```

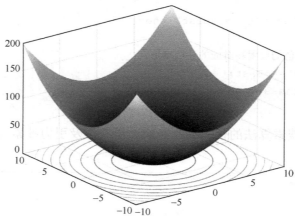

图 8.4　$f(x_1, x_2)$搜索曲面

从函数表达式和搜索空间可知，该函数的最小值为 0，最优解为 $x_1 = 0$，$x_2 = 0$。利用引力搜索算法对该问题进行求解，设置种群数量 pop 为 50，最大迭代次数 maxIter 为 100，由于是求解 x_1 与 x_2，因此将个体的维度 dim 设为 2，个体的上边界 ub =[10,10]，下边界 lb=[-10,-10]。根据问题设定适应度函数 fun.m 如下：

```
%% 适应度函数
function fitness = fun(x)
%x 为输入个体的当前位置，维度为[1,dim]
```

```
%fitness 为输出的适应度值
    fitness = x(1)^2 + x(2)^2;
end
```

求解该问题的主函数 main.m 如下：

```
%%利用引力搜索算法求解 x1^2 + x2^2 的最小值
clc;clear all;close all;
%设定引力搜索算法的参数
pop = 50;%种群数量
dim = 2;%变量维度
ub = [10,10];%引力搜索算法的上边界
lb = [-10,-10];%引力搜索算法的下边界
maxIter = 100;%最大迭代次数
fobj = @(x) fun(x);%设置适应度函数为 fun(x)
%利用引力搜索算法求解问题
[Best_Pos,Best_fitness,IterCurve] = GSA(pop,dim,ub,lb,fobj,maxIter);
%绘制迭代曲线
figure
plot(IterCurve,'r-','linewidth',1.5);
grid on;%网格开
title('引力搜索迭代曲线')
xlabel('迭代次数')
ylabel('适应度值')

disp(['求解得到的 x1, x2 为：',num2str(Best_Pos(1)),'   ',num2str(Best_Pos
(2))]);
disp(['最优解对应的函数值为：',num2str(Best_fitness)]);
```

程序运行结果如图 8.5 所示。

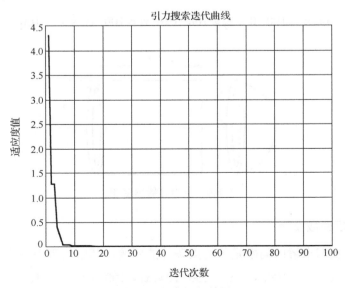

图 8.5　程序运行结果

输出结果如下：

```
求解得到的 x1，x2 为：-3.9751e-10   -2.4539e-11
最优解对应的函数值为：1.5862e-19
```

从引力搜索算法寻优的结果来看，利用引力搜索算法得到的最终值(−3.9751e−10，−2.4539e−11)，非常接近理论最优值(0, 0)，表明引力搜索算法具有寻优能力强的特点。

8.3.2 带约束问题求解：基于引力搜索算法的压力容器设计

8.3.2.1 问题描述

压力容器设计问题的目标是使压力容器制作（配对、成型和焊接）成本最低，压力容器示意图如图 8.6 所示，压力容器的两端都由封盖封住，头部一端的封盖为半球状。L 是不考虑头部的圆柱体部分的截面长度，R 是圆柱体的内壁半径，T_s 和 T_h 分别表示圆柱体的壁厚和头部的壁厚，L、R、T_s 和 T_h 即为压力容器设计问题的 4 个优化变量。问题的目标函数表示如下：

$$x = [x_1, x_2, x_3, x_4] = [T_s, T_h, R, L]$$

$$\min f(x) = 0.6224x_1x_3x_4 + 1.7781x_2x_3^2 + 3.1661x_1^2x_4 + 19.84x_1^2x_3$$

目标函数的约束条件表示如下：

$$g_1(x) = -x_1 + 0.0193x_3 \leqslant 0$$

$$g_2(x) = -x_2 + 0.00954x_3 \leqslant 0$$

$$g_3(x) = -\pi x_3^2 - 4\pi x_3^3 / 3 + 129600 \leqslant 0$$

$$g_4(x) = x_4 - 240 \leqslant 0$$

$$0 \leqslant x_1 \leqslant 100, \ 0 \leqslant x_2 \leqslant 100, \ 10 \leqslant x_3 \leqslant 100, \ 10 \leqslant x_4 \leqslant 100$$

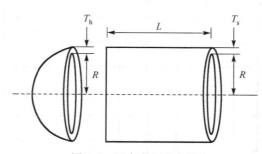

图 8.6　压力容器示意图

8.3.2.2 适应度函数设计

在该问题中，我们求解的问题是带约束条件的问题，其中约束条件为

$$0 \leqslant x_1 \leqslant 100, \ 0 \leqslant x_2 \leqslant 100, \ 10 \leqslant x_3 \leqslant 100, \ 10 \leqslant x_4 \leqslant 100$$

通过寻优的边界设置约束条件，即设置上边界 ub = [100,100,100,100]，下边界

lb=[0,0,10,10]。其中，需要在适应度函数中对 $g_1(x),g_2(x),g_3(x),g_4(x)$ 进行约束，若 x_1, x_2, x_3, x_4 不满足约束条件，则设置该适应度函数无效，并将其设置为 inf。定义适应度函数 fun.m 如下：

```
% 压力容器适应度函数
function fitness = fun(x)
    x1 = x(1); %Ts
    x2 = x(2); %Th
    x3 = x(3); %R
    x4 = x(4); %L

    %% 约束条件判断
    g1 = -x1+0.0193*x3;
    g2 = -x2+0.00954*x3;
    g3 = -pi*x3^2-4*pi*x3^3/3+1296000;
    g4 = x4-240;
    if(g1 <= 0&&g2 <= 0&&g3 <= 0&&g4 <= 0)%若满足约束条件，则计算适应度值
        fitness =  0.6224*x1*x3*x4 + 1.7781*x2*x3^2 + 3.1661*x1^2*x4 +
19.84*x1^2*x3;
    else%否则适应度值无效，将其设置为较大值
        fitness = 10E8;
    end

end
```

8.3.2.3 引力搜索算法的主函数设计

通过上述分析，设置引力搜索算法的参数为：设种群数量 pop 为 50，最大迭代次数 maxIter 为 500，个体维度 dim 为 4（x_1, x_2, x_3, x_4），个体上边界 ub =[100,100,100,100]，个体下边界 lb=[0,0,10,10]，主函数 main.m 设计如下：

```
%% 基于引力搜索算法的压力容器设计
clc;clear all;close all;
                                %设定引力搜索参数
pop = 50;                       %种群数量
dim = 4;                        %变量维度
ub = [100,100,100,100];         %引力搜索算法的上边界
lb = [0,0,10,10];               %引力搜索算法的下边界
maxIter = 500;                  %最大迭代次数
fobj = @(x) fun(x);             %设置适应度函数为 fun(x)
                                %利用引力搜索算法求解问题
[Best_Pos,Best_fitness,IterCurve] = GSA(pop,dim,ub,lb,fobj,maxIter);
                                %绘制迭代曲线
figure
plot(IterCurve,'r-','linewidth',1.5);
grid on;                        %网格开
title('引力搜索迭代曲线')
xlabel('迭代次数')
```

```
    ylabel('适应度值')

    disp(['求解得到的 x1,x2,x3,x4 为:',num2str(Best_Pos(1)),'    ',num2str
(Best_Pos(2)),' ',num2str(Best_Pos(3)),' ',num2str(Best_Pos(4))]);
    disp(['最优解对应的函数值为: ',num2str(Best_fitness)]);
```

程序运行结果如图 8.7 所示。

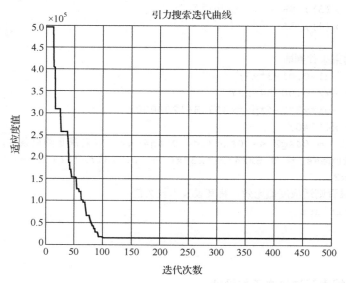

图 8.7　程序运行结果

输出的结果如下：

```
    求解得到的 x1,x2,x3,x4 为:1.4531    0.71824 75.2877 60.7229
    最优解对应的函数值为: 14933.1809
```

由图 8.7 可知，压力容器适应度函数值不断减小，表明引力搜索算法不断地对参数进行优化。最终输出了一组满足约束条件的压力容器参数，对压力容器的设计具有指导意义。

8.4　引力搜索算法的中间结果

为了更加直观地了解个体在每代的分布、前后迭代、个体位置变化，以及以 8.3.1 节中求函数极值为例，如图 8.8 所示，需要将引力搜索算法的中间结果绘制出来。为了达到此目的，我们需要记录每代个体的位置（History Position），同时记录每代最优个体的位置（History Best），然后通过 MATLAB 绘图函数将图像绘制出来。

从图 8.8 可以看出，随着迭代次数的增加，最优个体位置向最优位置(0, 0)靠近，说明引力搜索算法不断地朝着最优位置靠近。通过这种方式可以直观地看到引力搜索算法搜索的过程。使得引力搜索算法变得更加直观。

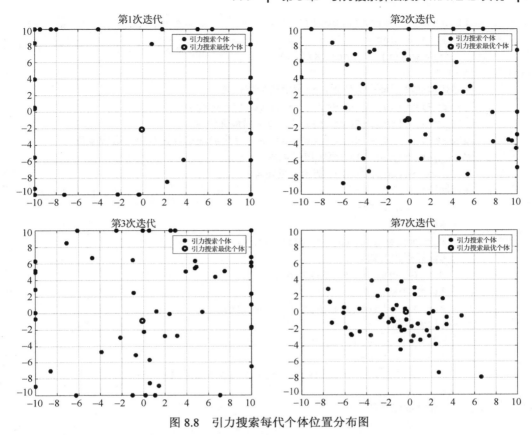

图 8.8　引力搜索每代个体位置分布图

记录每代位置的 MATLAB 代码如下：

```
%%--------------引力搜索算法--------------%%
%% 输入：
%   pop 为种群数量
%   dim 为单个个体的维度
%   ub 为上边界，维度为[1,dim]
%   lb 为下边界，维度为[1,dim]
%   fobj 为适应度函数接口
%   maxIter 为算法的最大迭代次数，用于控制算法的停止
%% 输出：
%   Best_Pos 为引力搜索算法找到的最优位置
%   Best_fitness 为最优位置对应的适应度值
%   IterCurve 用于记录每次迭代的最优适应度值，即后续用其绘制迭代曲线
%   HistoryPosition 用于记录每代个体的位置
%   HistoryBest 用于记录每代最优个体的位置
function [Best_Pos,Best_fitness,IterCurve,HistoryPosition,HistoryBest]
= GSA(pop,dim,ub,lb,fobj,maxIter)

        %% 初始化种群位置
        X = initialization(pop,ub,lb,dim);
        %% 计算适应度值
```

```
        fitness = zeros(1,pop);
        for i = 1:pop
            fitness(i) = fobj(X(i,:));
        end
        %寻找适应度值最小的位置，记录全局最优位置
        [SortFitness,indexSort] = sort(fitness);
        gBest = X(indexSort(1),:); %全局最优位置
        gBestFitness = SortFitness(1);   %全局最优位置对应的适应度值
        M = zeros(pop,1);%声明质量矩阵
        V = zeros(pop,dim);%初始速度矩阵
        %开始迭代
        for t = 1:maxIter
            %计算质量
            M = massCalculation(fitness);
            %计算引力常数
            G = Gconstant(t,maxIter);
            %计算加速度
            a = Acceleration(M,X,G,t,maxIter);
            %位置更新
            [X,V] = move(X,a,V);
            for i = 1:pop
                X(i,:) = BoundaryCheck(X(i,:),ub,lb,dim);
            end
            %计算适应度值
             for i = 1:pop
                fitness(i) = fobj(X(i,:));
                % 更新全局最优值
                if  fitness(i) < gBestFitness
                    gBestFitness = fitness(i);
                    gBest=X(i,:);
                end
             end
             HistoryPosition{t} = X;
             HistoryBest{t} = gBest;
            IterCurve(t) = gBestFitness;
        end
        %输出最优值位置和对应的适应度值
        Best_Pos = gBest;
        Best_fitness = gBestFitness;
    end
```

绘制每代引力搜索算法的分布绘图函数代码如下：

```
%% 绘制每代引力搜索算法的分布
for i = 1:maxIter
  Position = HistoryPosition{i};%获取当前代的位置
  BestPosition = HistoryBest{i};%获取当前代的最优位置
  figure(3)
```

```
    plot(Position(:,1),Position(:,2),'*','linewidth',3);
    hold on;
     plot(BestPosition(1),BestPosition(2),'ro','linewidth',3);
    grid on;
    axis([-10 10,-10,10])
    legend('引力搜索个体','引力搜索最优个体');
    title(['第',num2str(i),'次迭代']);
    hold off
end
```

参 考 文 献

[1] RASHEDIE, NEZAMABADI-POUR H, SARYAZDI S. GSA: a gravitational search algorithm[J]. Information Sciences, 2009,179(13): 2232-2248.

[2] 李士勇，李研，林永茂. 智能优化算法与涌现计算[M]. 北京: 清华大学出版社，2019.

[3] 范炜锋. 万有引力搜索算法的分析与改进[D]. 广州: 广东工业大学，2014.

[4] 戴娟. 引力搜索算法的改进及其应用研究[D]. 无锡: 江南大学，2014.

[5] 徐遥. 基于引力搜索算法的改进及应用研究[D]. 无锡: 江南大学，2012.

[6] 马力，刘丽涛. 万有引力搜索算法的分析与改进[J]. 微电子学与计算机，2015，32(09): 76-80.

[7] ARORA J. S. Introduction to Optimum Design[M]. America: Academic Press, 2004.

[8] 胡志敏，颜学峰. 双层粒子群算法及应用于压力容器设计[J]. 计算机与应用化学，2012，29(09): 111-114.

第9章 树种优化算法及其 MATLAB 实现

9.1 树种优化算法的基本原理

树种优化算法（Tree Seed Optimization Algorithm，TSA）是由 Kiran 等人于 2015 年提出的一种基于树生长繁衍方式的新型智能优化算法。树种优化算法被提出后，因其较一些传统智能优化算法结构更简单，搜索精度更高，鲁棒性更强，从而引起了国内外一些学者的广泛关注。

9.1.1 树种的定义及生成

树种优化算法是一种通过模拟树的繁殖方式来寻找最优解的元启发式优化算法。在基本树种优化算法中，首先利用式（9.1）在搜索空间中生成一批树，即

$$T_{i,j} = L_{j,\min} + r_{i,j}(H_{j,\min} - L_{j,\min}) \tag{9.1}$$

其中，$T_{i,j}$ 为树的位置，$H_{j,\min}$ 为搜索空间的上边界，$L_{j,\min}$ 为搜索空间的下边界，$r_{i,j}$ 为一个在区间[0,1]内的随机数。

在通过式（9.1）随机生成的树中，这些树产生种子的能力不同，故针对最优化问题，需要利用式（9.2）找出最优位置的树。

$$B = \min\{f(T_i)\}, i = 1, 2, \cdots, N \tag{9.2}$$

其中，$f(T_i)$ 表示第 i 棵树的适应度值。

9.1.2 种子的繁殖

接着，最优位置的树会产生新的种子。在树种优化算法中，为了平衡算法中全局搜索和局部搜索的能力，提出两种机制来产生新的种子，如式（9.3）所示。式（9.3）综合考虑全局搜索和局部搜索，全局搜索可以避免算法在迭代过程中陷入局部最优，局部搜索有利于算法的收敛。

$$S_{i,j} = \begin{cases} T_{i,j} + \alpha_{i,j}(T_{i,j} - T_{r,j}), & \text{rand} > \text{ST} \\ T_{i,j} + \alpha_{i,j}(B_j - T_{r,j}), & \text{其他} \end{cases} \tag{9.3}$$

其中，$S_{i,j}$ 为第 i 颗树上繁殖的第 i 颗种子的第 j 个元素，$T_{i,j}$ 是第 i 颗树上的第 j 个元素，B_j 是当前位置最优树上的第 j 个元素，$\alpha_{i,j}$ 是步长因子，是一个在区间[-1,1]内的随机数。位置最优树在产生新种子的过程中，由搜索趋势常数 ST 来决定采用式（9.3）中的哪一个，ST 为一个常数。

9.1.3 树种优化算法流程

树种优化算法的流程图如图 9.1 所示。

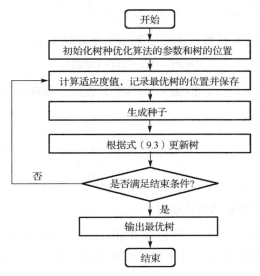

图 9.1 树种优化算法的流程图

树种优化算法的具体步骤如下:

步骤 1:初始化树种优化算法的参数和树的位置。

步骤 2:计算适应度值,寻找最优树的位置并保存。

步骤 3:生成种子,并利用式(9.3)更新树。

步骤 4:判断是否满足结束条件,若满足,则输出最优树;否则重复步骤 2~4。

9.2 树种优化算法的 MATLAB 实现

9.2.1 种群初始化

9.2.1.1 MATLAB 相关函数

函数 rand() 是 MATLAB 自带的随机数生成函数,能生成区间[0,1]内的随机数。

```
>> rand()

ans =

    0.5640
```

若要一次性生成多个随机数,则可以这样使用 rand(row,col),其中 row 与 col 分别表示行和列,如 rand(3,4)表示生成 3 行 4 列的范围在区间[0,1]内的随机数。

```
>> rand(3,4)
```

```
ans =

    0.1661    0.1130    0.4934    0.0904
    0.2506    0.8576    0.7964    0.4675
    0.2860    0.2406    0.5535    0.7057
```

若要生成指定范围内的随机数，则可以利用如下表达式表示：

$$r = \text{lb} + (\text{ub} - \text{lb}) \times \text{rand}()$$

其中，ub 表示范围的上边界，lb 表示范围的下边界。如在区间[0,4]内生成 5 个随机数。

```
>> (4-0).*rand(1,5) + 0

ans =

    0.1692    2.9335    1.8031    2.0817    1.6938
```

9.2.1.2　树种优化算法初始化函数编写

定义树种优化算法初始化函数名称为 initialization，并单独编写成一个函数将其存放在 initialization.m 文件中。利用 9.2.1.1 节中的随机数生成方式，生成初始种群。

```
%% 树种优化算法初始化函数
function X = initialization(pop,ub,lb,dim)
    %pop 为树的数量
    %dim 为个体的维度
    %ub 为个体维度变量的上边界，维度为[1,dim]
    %lb 为个体维度变量的下边界，维度为[1,dim]
    %X 为输出的种群，维度为[pop,dim]
    X = zeros(pop,dim); %为 X 事先分配空间
    for i = 1:pop
      for j = 1:dim
          X(i,j) = (ub(j) - lb(j))*rand() + lb(j);
          %生成区间[lb,ub]内的随机数
      end
    end
end
```

假设树木数量为 10，每个个体维度均为 5，每个维度的边界均为[−5,5]，利用初始化函数初始化种群。

```
>> pop = 10;
dim = 5;
ub = [5,5,5,5,5];
lb = [-5,-5,-5,-5,-5];
X = initialization(pop,ub,lb,dim)
X =

    4.0128   -4.1002    2.2631    0.3289   -3.5791
   -4.0030   -1.2295   -2.8867   -4.7501   -2.3254
```

2.9829	−1.4263	2.9411	−3.0492	−3.6387
1.3984	−1.3664	2.9571	0.0372	−2.8473
0.8161	−0.8394	1.6395	2.3809	3.3831
−0.5585	0.9041	2.4232	−0.1881	−4.5387
3.3292	−2.0766	−1.9047	−2.3631	4.8229
2.8580	−0.6887	4.4058	0.4283	−0.1423
−0.2458	−0.3057	−4.3353	−1.4527	−3.6862
2.5432	0.9329	2.0006	−2.4433	4.3412

9.2.2 适应度函数

适应度函数是优化问题的目标函数，根据不同应用设计相应的适应度函数。我们可以把自己设计的适应度函数，单独写成一个函数，方便优化算法调用。一般将适应度函数命名为 fun，这里我们定义一个适应度函数并存放在 fun.m 文件中，这里适应度函数定义如下：

```
%% 适应度函数
function fitness = fun(x)
%x 为输入一个个体，维度为[1,dim]
%fitness 为输出的适应度值
    fitness = sum(x.^2);
end
```

这里我们的适应度值就是 x 所有值的平方和，如 $x = [1,2]$，那么经过适应度函数计算后得到的值为 5。

```
>> x = [1,2];
fitness = fun(x)

fitness =

    5
```

9.2.3 边界检查和约束

边界检查的作用是防止变量超过规定的范围，一般当变量大于上边界时，直接将其设置为上边界；当变量小于下边界时，直接将其设置为下边界。具体逻辑表达式如下：

$$val = \begin{cases} ub, & val > ub \\ lb, & val < lb \end{cases}$$

定义边界检查函数为 BoundaryCheck()，并将其保存为 BoundaryCheck.m 文件。

```
%% 边界检查函数
function [X] = BoundaryCheck(x,ub,lb,dim)
    %dim 为数据的维度大小
    %x 为输入数据，维度为[1,dim]
    %ub 为数据上边界，维度为[1,dim]
    %lb 为数据下边界，维度为[1,dim]
    for i = 1:dim
        if x(i) > ub(i)
```

```
                    x(i) = ub(i);
            end
            if x(i)<lb(i)
                x(i) = lb(i);
            end
        end
        X = x;
end
```

假设 $x = [1,-2,3,-4]$，定义的上边界为$[1,1,1,1]$，下边界为$[-1,-1,-1,-1]$。于是经过边界检查和约束后，X 应为$[1,-1,1,-1]$。

```
>> dim = 4;
x = [1,-2,3,-4];
ub = [1,1,1,1];
lb = [-1,-1,-1,-1];
X = BoundaryCheck(x,ub,lb,dim)

X =

     1    -1     1    -1
```

9.2.4 树种优化算法

将整个树种优化算法定义为一个模块，模块名称为 TSA，并将其存储为 TSA.m 文件。整个树种优化算法的 MATLAB 代码编写如下：

```
%%---------------树种优化算法----------------------%%
%% 输入:
%   pop 为种群数量
%   dim 为单个个体的维度
%   ub 为上边界信息，维度为[1,dim]
%   lb 为下边界信息，维度为[1,dim]
%   fobj 为适应度函数接口
%   maxIter 为算法的最大迭代次数，用于控制算法的停止
%% 输出:
%   Best_Pos 为利用树种优化算法找到的最优位置
%   Best_fitness 为最优位置对应的适应度值
%   IterCurve  用于记录每次迭代的最优适应度值，即后续用来绘制迭代曲线
function [Best_Pos,Best_fitness,IterCurve] = TSA(pop,dim,ub,lb,fobj,
maxIter)
    %树能产生种子的数量范围
    low = ceil(0.1*pop);
    high = ceil(0.25*pop);
    ST = 0.1;%概率阈值
    %% 初始化种群位置
    trees = initialization(pop,ub,lb,dim);
    %% 计算适应度值
    fitness = zeros(1,pop);
```

```matlab
for i = 1:pop
    fitness(i) = fobj(trees(i,:));
end
%寻找适应度最小的位置，记录全局最优位置
[SortFitness,indexSort] = sort(fitness);
gBest = trees(indexSort(1),:);  %全局最优位置
gBestFitness = SortFitness(1);   %全局最优位置对应的适应度值
%开始迭代
for t = 1:maxIter
    for i = 1:pop
        seedNum = fix(low+(high-low)*rand)+1;
        %在种子数量范围内，随机生成产生种子的数目
        seeds = zeros(seedNum,dim);
        obj_seeds = zeros(1,seedNum);
        %寻找最优树木
        [minimum,min_indis] = min(fitness);
        bestParams = trees(min_indis,:);
        %% 树木产生种子
        for j = 1:seedNum
            komsu = fix(rand*pop)+1;%随机选择一棵树
            while(i == komsu)  %保证 komsu 不等于 i
                komsu = fix(rand*pop)+1;
            end
            seeds(j,:) = trees(j,:);
            %树产生种子
            for d = 1:dim
                if(rand<ST)
            seeds(j,d) = trees(i,d)+(bestParams(d)-trees(komsu,d))*(rand-0.5)*2;
                else
            seeds(j,d) = trees(i,d)+(trees(i,d)-trees(komsu,d))*(rand-0.5)*2;
                end
            end
            %边界检查
            seeds(j,:) = BoundaryCheck(seeds(j,:),ub,lb,dim);
            %计算适应度值
            obj_seeds(j) = fobj(seeds(j,:));
        end
        %在种子中寻找适应度值最优的种子
        [mintohum,mintohum_indis] = min(obj_seeds);
        % 若种子更优，则替换原始树
        if(mintohum<fitness(i))
            trees(i,:) = seeds(mintohum_indis,:);
            fitness(i) = mintohum;
        end
    end
    %寻找最优树
    [min_tree,min_tree_index] = min(fitness);
```

```
        %更新全局最优树
        if(min_tree < gBestFitness)
            gBestFitness = min_tree;
            gBest = trees(min_tree_index,:);
        end
         IterCurve(t) = gBestFitness;
    end
    %输出最优位置和对应的适应度值
    Best_Pos = gBest;
    Best_fitness = gBestFitness;
end
```

至此，基本树种优化算法的代码编写完成，所有涉及树种优化算法的子函数均包括如图9.2 所示的.m 文件。

BoundaryCheck.m	2021/3/13 12:55	MATLAB Code	1 KB
fun.m	2021/4/21 10:13	MATLAB Code	1 KB
initialization.m	2021/4/28 11:03	MATLAB Code	1 KB
TSA.m	2021/4/28 11:12	MATLAB Code	3 KB

图 9.2 .m 文件

下一节将讲解如何使用上述树种优化算法来解决优化问题。

9.3 树种优化算法的应用案例

9.3.1 求解函数极值

问题描述：求解一组 x_1, x_2，使得下面函数的值最小。

$$f(x_1, x_2) = x_1^2 + x_2^2$$

其中，x_1 与 x_2 的取值范围分别为[-10,10]，[-10,10]。

首先，可以利用 MATLAB 绘图方式来查看搜索空间是什么，绘制该函数搜索曲面如图 9.3 所示。

```
%% 绘制 f(x1,x2)的搜索曲面
x1 = -10:0.01:10;
x2 = -10:0.01:10;
for I = 1:size(x1,2)
    for j = 1:size(x2,2)
        X1(i,j) = x1(i);
        X2(i,j) = x2(j);
        f(i,j) = x1(i)^2 + x2(j)^2;
    end
end
surfc(X1,X2,f,'LineStyle','none'); %绘制搜索曲面
```

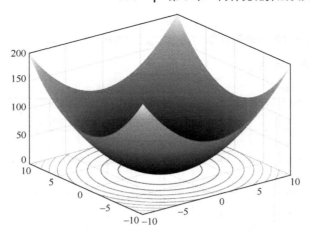

图 9.3 $f(x_1,x_2)$ 搜索曲面

从函数表达式和搜索曲面可知，该函数的最小值为 0，最优解为 $x_1 = 0$，$x_2 = 0$。利用树种优化算法对该问题进行求解，设置种群数量 pop 为 50，最大迭代次数 maxIter 为 100，由于是求解 x_1 与 x_2，因此将个体的维度 dim 设为 2，个体的上边界 ub =[10,10]，个体下边界 lb=[-10,-10]。根据问题设定适应度函数 fun.m 如下：

```
%% 适应度函数
function fitness = fun(x)
%x 为输入个体当前位置，维度为[1,dim]
%fitness 为输出的适应度值
    fitness = x(1)^2 + x(2)^2;
end
```

求解该问题的主函数 main.m 如下：

```
%% 利用树种优化算法求解 x1^2 + x2^2 的最小值
clc;clear all;close all;
                        %设定树种优化算法的参数
pop = 50;               %种群数量
dim = 2;                %变量维度
ub = [10,10];           %树种优化算法的上边界
lb = [-10,-10];         %树种优化算法的下边界
maxIter = 100;          %最大迭代次数
fobj = @(x) fun(x);     %设置适应度函数为 fun(x)
                        %利用树种优化算法求解问题
[Best_Pos,Best_fitness,IterCurve] = TSA(pop,dim,ub,lb,fobj,maxIter);
                        %绘制迭代曲线
figure
plot(IterCurve,'r-','linewidth',1.5);
grid on;                %网格开
title('树种优化迭代曲线')
xlabel('迭代次数')
ylabel('适应度值')

disp(['求解得到的 x1, x2 为：',num2str(Best_Pos(1)),'   ',num2str(Best_Pos
```

```
(2))]);
    disp(['最优解对应的函数值为：',num2str(Best_fitness)]);
```

程序运行结果如图 9.4 所示。

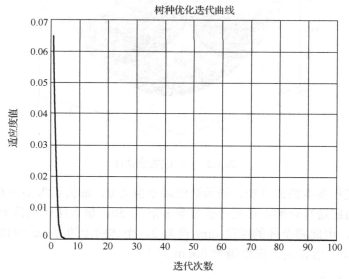

图 9.4 程序运行曲线

输出结果如下：

```
求解得到的 x1，x2 为：-1.0239e-38    -4.0976e-40
最优解对应的函数值为：1.0501e-76
```

从树种优化算法寻优的结果来看，树种优化算法得到的最终值非常接近理论最优值，表明树种优化算法具有寻优能力强的特点。

9.3.2 带约束问题求解：基于树种优化算法的压力容器设计

9.3.2.1 问题描述

压力容器设计问题的目标是使压力容器制作（配对、成型和焊接）成本最低，压力容器示意图如图 9.5 所示，压力容器的两端都由封盖封住，头部一端的封盖为半球状。L 是不考虑头部的圆柱体部分的截面长度，R 是圆柱体的内壁半径，T_s 和 T_h 分别表示圆柱体的壁厚和头部的壁厚，L、R、T_s 和 T_h 即为压力容器设计问题的 4 个优化变量。问题的目标函数表示如下：

$$x = [x_1, x_2, x_3, x_4] = [T_s, T_h, R, L]$$

$$\min f(x) = 0.6224x_1x_3x_4 + 1.7781x_2x_3^2 + 3.1661x_1^2x_4 + 19.84x_1^2x_3$$

目标函数的约束条件表示如下：

$$g_1(x) = -x_1 + 0.0193x_3 \leqslant 0$$

$$g_2(x) = -x_2 + 0.00954x_3 \leqslant 0$$

$$g_3(x) = -\pi x_3^2 - 4\pi x_3^3 / 3 + 129600 \leqslant 0$$

$$g_4(x) = x_4 - 240 \leqslant 0$$

$$0 \leqslant x_1 \leqslant 100, \ 0 \leqslant x_2 \leqslant 100, \ 10 \leqslant x_3 \leqslant 100, \ 10 \leqslant x_4 \leqslant 100$$

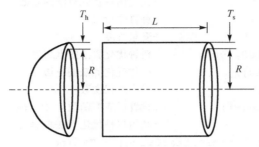

图 9.5　压力容器示意图

9.3.2.2　适应度函数设计

在该问题中，我们求解的问题是带约束条件的问题，其中约束条件为

$$0 \leqslant x_1 \leqslant 100, \ 0 \leqslant x_2 \leqslant 100, \ 10 \leqslant x_3 \leqslant 100, \ 10 \leqslant x_4 \leqslant 100$$

通过寻优的边界设置约束条件，即设置上边界 ub=[100,100,100,100]，下边界 lb=[0,0,10,10]。其中，需要在适应度函数中对 $g_1(x),g_2(x),g_3(x),g_4(x)$ 进行约束，若 x_1, x_2, x_3, x_4 不满足约束条件，则设置该适应度函数无效，并将其设置为 inf。定义适应度函数 fun.m 如下：

```
% 压力容器适应度函数
function fitness = fun(x)
    x1 = x(1); %Ts
    x2 = x(2); %Th
    x3 = x(3); %R
    x4 = x(4); %L


    %% 约束条件判断
    g1 = -x1+0.0193*x3;
    g2 = -x2+0.00954*x3;
    g3 = -pi*x3^2-4*pi*x3^3/3+1296000;
    g4 = x4-240;
    if(g1 <= 0&&g2 <= 0&&g3 <= 0&&g4 <= 0)%若满足约束条件，则计算适应度值
        fitness = 0.6224*x1*x3*x4 + 1.7781*x2*x3^2 + 3.1661*x1^2*x4 +
19.84*x1^2*x3;
    else%否则适应度值无效，并将其设置为较大值
        fitness = 10E8;
    end

end
```

9.3.2.3　树种优化算法主函数设计

通过上述分析，可以设置树种优化算法参数为：设种群数量 pop 为 50，最大迭代次数

maxIter 为 500，个体维度 dim 为 4（x_1, x_2, x_3, x_4），个体上边界 ub =[100,100,100,100]，个体下边界 lb=[0,0,10,10]，主函数 main.m 设计如下：

```matlab
%% 基于树种优化算法的压力容器设计
clc;clear all;close all;
                                %设定树种优化算法的参数
pop = 50;                       %种群数量
dim = 4;                        %变量维度
ub =[100,100,100,100];          %树种优化算法的上边界
lb = [0,0,10,10];               %树种优化算法的下边界
maxIter = 500;                  %最大迭代次数
fobj = @(x) fun(x);             %设置适应度函数为 fun(x)
                                %利用树种优化算法求解问题
[Best_Pos,Best_fitness,IterCurve] = TSA(pop,dim,ub,lb,fobj,maxIter);
                                %绘制迭代曲线
figure
plot(IterCurve,'r-','linewidth',1.5);
grid on;                        %网格开
title('树种优化迭代曲线')
xlabel('迭代次数')
ylabel('适应度值')

disp(['求解得到的 x1,x2,x3,x4 为:',num2str(Best_Pos(1)),'',num2str(Best_
Pos(2)),' ',num2str(Best_Pos(3)),' ',num2str(Best_Pos(4))]);
disp(['最优解对应的函数值为：',num2str(Best_fitness)]);
```

程序运行结果如图 9.6 所示。

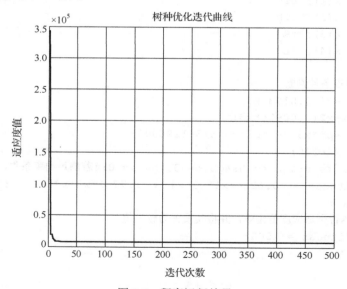

图 9.6　程序运行结果

输出的结果如下：

求解得到的 x1,x2,x3,x4 为:1.3006　　0.64286 67.386 10
最优解对应的函数值为：8050.9135

由图 9.6 可知，压力容器适应度函数值不断减小，表明树种优化算法不断地对参数进行优化。最终输出一组满足约束条件的压力容器参数，对压力容器的设计具有指导意义。

9.4　树种优化算法的中间结果

为了更加直观地了解个体在每代的分布、前后迭代、个体位置变化，以及以 9.3.1 节中求函数极值为例，如图 9.7 所示，需要将树种优化算法的中间结果绘制出来。为了达到此目的，我们需要记录每代个体的位置（History Position），同时记录每代最优个体的位置（History Best），然后通过 MATLAB 绘图函数将图像绘制出来。

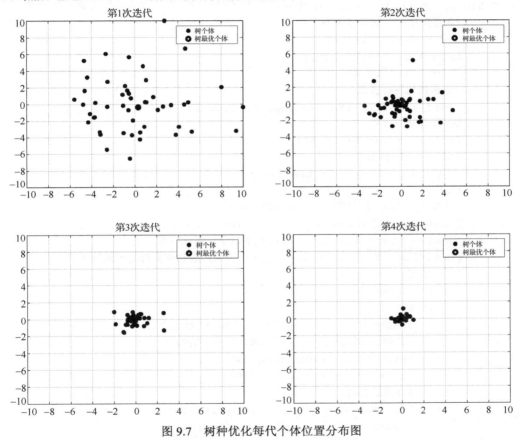

图 9.7　树种优化每代个体位置分布图

从图 9.7 可以看出，随着迭代次数的增加，最优个体位置向最优位置(0, 0)靠近，说明算法不断地朝着最优位置靠近。通过这种方式可以直观地看到树的搜索过程。使得树种优化算法变得更加直观。

记录每代位置的 MATLAB 代码如下：

```
%%--------------树种优化算法--------------%%
%% 输入:
```

```matlab
%    pop 为个体数量
%    dim 为单个个体的维度
%    ub 为上边界信息，维度为[1,dim]
%    lb 为下边界信息，维度为[1,dim]
%    fobj 为适应度函数接口
%    maxIter 为算法的最大迭代次数，用于控制算法的停止
%% 输出:
%    Best_Pos 为利用树种优化算法找到的最优位置
%    Best_fitness 为最优位置对应的适应度值
%    IterCurve 用于记录每次迭代的最优适应度，即后续用其绘制迭代曲线
%    HistoryPosition 用于记录每代个体的位置
%    HistoryBest 用于记录每代最优个体位置
function [Best_Pos,Best_fitness,IterCurve,HistoryPosition,HistoryBest]
= TSA(pop,dim,ub,lb,fobj,maxIter)
    %树能产生种子的数量范围
    low = ceil(0.1*pop);
    high = ceil(0.25*pop);
    ST = 0.1;%概率阈值
    %% 初始化种群位置
    trees = initialization(pop,ub,lb,dim);
    %% 计算适应度值
    fitness = zeros(1,pop);
    for i = 1:pop
        fitness(i) = fobj(trees(i,:));
    end
    %寻找适应度最小的位置，记录全局最优位置
    [SortFitness,indexSort] = sort(fitness);
    gBest = trees(indexSort(1),:); %全局最优位置
    gBestFitness = SortFitness(1);   %全局最优位置对应的适应度值
    %开始迭代
    for t = 1:maxIter
        for i = 1:pop
            seedNum = fix(low+(high-low)*rand)+1;
            %在种子数量范围内，随机生成产生种子的数量
            Seeds = zeros(seedNum,dim);
            obj_seeds = zeros(1,seedNum);
            %寻找最优树
            [minimum,min_indis] = min(fitness);
            bestParams = trees(min_indis,:);
            %% 树产生种子
            for j = 1:seedNum
                komsu = fix(rand*pop)+1;%随机选择一棵树
                while(i == komsu) %保证 komsu 不等于 i
                    komsu = fix(rand*pop)+1;
                end
                seeds(j,:) = trees(j,:);
                %树产生种子
```

```matlab
            for d = 1:dim
                if(rand<ST)
        seeds(j,d)=trees(i,d)+(bestParams(d)-trees(komsu,d))*(rand-0.5)*2;
                else
        seeds(j,d) = trees(i,d)+(trees(i,d)-trees(komsu,d))*(rand-0.5)*2;
                end
            end
            %边界检查
            seeds(j,:) = BoundaryCheck(seeds(j,:),ub,lb,dim);
            %计算适应度值
            obj_seeds(j) = fobj(seeds(j,:));
        end
        %寻找种子中适应度值最优的种子
        [mintohum,mintohum_indis] = min(obj_seeds);
        % 若种子更优，则替换原始树
        if(mintohum < fitness(i))
            trees(i,:) = seeds(mintohum_indis,:);
            fitness(i) = mintohum;
        end
    end
    %寻找最优树
    [min_tree,min_tree_index] = min(fitness);
    %更新全局最优树
    if(min_tree < gBestFitness)
        gBestFitness = min_tree;
        gBest = trees(min_tree_index,:);
    end
     HistoryPosition{t} = trees;
     HistoryBest{t} = gBest;
     IterCurve(t) = gBestFitness;
    end
    %输出最优位置和其对应的适应度值
    Best_Pos = gBest;
    Best_fitness = gBestFitness;
end
```

绘制每代树木分布的绘图函数代码如下：

```matlab
%% 绘制每代树木的分布
for i = 1:maxIter
    Position = HistoryPosition{i};%获取当前代的位置
    BestPosition = HistoryBest{i};%获取当前代的最优位置
    figure(3)
    plot(Position(:,1),Position(:,2),'*','linewidth',3);
    hold on;
     plot(BestPosition(1),BestPosition(2),'ro','linewidth',3);
    grid on;
    axis([-10 10,-10,10])
```

```
        legend('树个体','树最优个体');
        title(['第',num2str(i),'次迭代']);
        hold off
   end
```

参 考 文 献

[1] KIRAN M. S. TSA: Tree-seed algorithm for continuous optimization[J]. Expert Systems with Applications, 2015, 42(19): 6686-6698.

[2] 肖石林. 基于 Levy 飞行的树种优化算法及在图像分割中的应用[D]. 南宁: 广西民族大学, 2019.

[3] 肖石林,宣士斌,温金玉. 基于改进树种算法的模糊聚类图像分割[J]. 广西民族大学学报(自然科学版), 2019,25(01): 62-68.

[4] 彭浩，和丽芳. 基于改进树种算法的彩色图像多阈值分割[J]. 计算机科学，2020, 47(S1): 220-225.

[5] ARORA J. S. Introduction to Optimum Design[M]. America: Academic Press, 2004.

[6] 胡志敏，颜学峰. 双层粒子群算法及应用于压力容器设计[J]. 计算机与应用化学, 2012，29(09): 111-114.

第10章 风驱动优化算法及其MATLAB实现

10.1 风驱动优化算法的基本原理

风驱动优化（Wind Driven Optimization，WDO）算法是由美国学者 Bayraktar. Z 等人于 2010 年提出的一种智能优化算法。该算法基于对简化的空气质点受力运动模型的模拟，其核心是研究空气质点在大气中的受力运动情况，结合牛顿第二定律及理想气体状态方程，推导出空气质点在每次迭代中的速度和位置更新的方程。相比于其他智能优化算法，该算法更新方程具有一定的物理意义，能够保证空气质点的全局探索能力与局部开发能力的平衡。

10.1.1 参数的定义

设空气 X 中的空气单元个体数为 pop，每个个体的位置矢量的维数均为 d。该种群可以用一个 pop×d 的矩阵来表示，即

$$X = \begin{bmatrix} x_1^1 & x_1^2 & \cdots & x_1^d \\ x_2^1 & x_2^2 & \cdots & x_2^d \\ \cdots & \cdots & \ddots & \cdots \\ x_{pop}^1 & x_{pop}^2 & \cdots & x_{pop}^d \end{bmatrix} \tag{10.1}$$

考虑到空气受地域的影响，可以由用户根据具体工程背景决定各个参数的取值范围，初始空气单元在相应的取值范围内随机产生。

10.1.2 适应度函数的选取

风驱动优化算法在搜索过程中不仅用压力函数值（即适应度函数值）来评价个体或解的优劣，并将压力函数值作为以后空气单元位置更新的依据，使得初始解逐步向最优解迭代。

10.1.3 空气单元运动范围的确定

对于每个维度，风驱动优化算法只允许空气单元在设定的范围内运动。在任何一个维度中，若空气单元试图超出这些界限，则这些特殊的维度位置就被设置为界限值。因此空气单元位置约束条件为

$$u_{new} = \begin{cases} ub, & u > u_{max} \\ lb, & u < u_{min} \end{cases} \tag{10.2}$$

其中，ub 与 lb 分别为维度的上、下边界。

10.1.4 风的抽象化及空气单元的更新

不同地区的不同温度导致空气密度和大气压不同，不同大气压使空气由气压高的地区流

向气压低的地区。导致这种流动的原因是气压梯度 ΔP，它可以通过距离的变化计算出来，在直角坐标系中可表示为

$$\Delta P = (\frac{\delta P}{\delta x}, \frac{\delta P}{\delta y}, \frac{\delta P}{\delta z}) \qquad (10.3)$$

特别地，风从高压地区向低压地区做匀速运动。为了表明气压梯度降低的方向，故式（10.4）中添加了负号。考虑到空气有限的质量和体积 δV，压强梯度力 $\boldsymbol{F}_{\text{PG}}$ 表示为

$$\boldsymbol{F}_{\text{PG}} = -\Delta \boldsymbol{P} \delta V \qquad (10.4)$$

在风的抽象化模型中，假设大气是均匀的，并符合流体静力学平衡。由直角坐标系中流体动力学方程可知，空气的水平流动强于垂直流动，即认为风只有水平运动，风产生的原因全部来自水平压力的变化。根据牛顿第二运动定律，作用在空气单元上的合力方向下的加速度 $\boldsymbol{a}$ 为

$$\rho \boldsymbol{a} = \sum \boldsymbol{F}_i \qquad (10.5)$$

其中，ρ 表示极小空气单元的密度，$\boldsymbol{F}_i$ 表示作用在空气单元上的力。为了把空气压力、空气密度与温度联系起来，可以利用如下气体定律

$$P = \rho R T \qquad (10.6)$$

其中，P 表示压力，R 表示通用气体常量，T 表示温度。

压强梯度力是使空气单元流动的基本力，然而存在阻止空气单元流动的摩擦力，由于作用在大气上的摩擦力非常复杂，在这里可简化为

$$\boldsymbol{F}_F = -\rho \alpha \boldsymbol{u} \qquad (10.7)$$

其中，α 为摩擦系数，$\boldsymbol{u}$ 为风的速度矢量。

在实际三维空间里，重力 $\boldsymbol{F}_G$ 是一个垂直于地球表面的力。然而，若把地球中心当作直角坐标系的原点，则重力可简化为

$$\boldsymbol{F}_G = \rho \delta V \boldsymbol{g} \qquad (10.8)$$

地球的旋转造成参考坐标系旋转，从而增大了科氏力。科氏力使风的方向从它的出发点发生偏转，偏转的角度和地球的旋转、对流层的纬度及空气单元的流动速度有直接关系。科氏力的定义为

$$\boldsymbol{F}_c = -20\Omega \times \boldsymbol{u} \qquad (10.9)$$

其中，Ω 表示地球的自转。

把式（10.4）、式（10.7）～式（10.9）代入方程（10.5）的右边，可得

$$\rho \frac{\Delta \boldsymbol{u}}{\Delta t} = (\rho \delta V \boldsymbol{g}) + (-\Delta \boldsymbol{P} \delta V) + (-\rho \alpha \boldsymbol{u}) + (-2\Omega \boldsymbol{u}) \qquad (10.10)$$

在式（10.10）中，设时间差 $\Delta t = 1$，$\delta V = 1$，则可化简式（10.10）为

$$\rho \Delta \boldsymbol{u} = \rho \boldsymbol{g} + (-\Delta \boldsymbol{P}) + (-\rho \alpha \boldsymbol{u}) + (-2\Omega \boldsymbol{u}) \qquad (10.11)$$

利用式（10.6），可以把密度 ρ 写成压力的形式，并将温度和普通气体常数代入式（10.11）可得

$$\frac{P_{\text{cur}}}{RT}\Delta\boldsymbol{u} = (\frac{P_{\text{cur}}}{RT}\boldsymbol{g}) - \Delta\boldsymbol{P} - \frac{P_{\text{cur}}}{RT}a\boldsymbol{u} + (-2\Omega\boldsymbol{u}) \tag{10.12}$$

其中，P_{cur} 表示在当前压力值。式（10.12）两边同时除以 P_{cur}/RT，可得

$$\Delta\boldsymbol{u} = \boldsymbol{g} - \Delta\boldsymbol{P}\frac{RT}{P_{\text{cur}}} - a\boldsymbol{u} + (-2\Omega\boldsymbol{u}RT/P_{\text{cur}}) \tag{10.13}$$

其中 $\Delta\boldsymbol{u} = \boldsymbol{u}_{\text{new}} - \boldsymbol{u}_{\text{cur}}$，$\boldsymbol{u}_{\text{cur}}$ 为前迭代的速度，$\boldsymbol{u}_{\text{new}}$ 为表示下一次迭代的速度。将 $\Delta\boldsymbol{u}$ 代入式（10.13）得

$$\boldsymbol{u}_{\text{new}} = (1-a)\boldsymbol{u}_{\text{cur}} + \boldsymbol{g} + (-\Delta\boldsymbol{P}\times RT/P_{\text{cur}}) + (-2\Omega\times\boldsymbol{u}RT/P_{\text{cur}}) \tag{10.14}$$

其中，矢量 $\boldsymbol{g}$ 可以表示为 $\boldsymbol{g} = |g|(0 - x_{\text{cur}})$。压强梯度压力（$\Delta\boldsymbol{P}$）是使空气单元从当前位置移动到最优压力位置的一个力。因此 $\Delta\boldsymbol{P}$ 是空气单元当前的压力 P_{cur} 与目前发现的最佳压力 P_{opt} 的差，压强梯度压力的方向由当前位置 x_{cur} 指向最优位置 x_{opt}。$\Delta\boldsymbol{P}$ 可以简单表示为

$$\Delta\boldsymbol{P} = |P_{\text{new}} - P_{\text{opt}}|(x_{\text{cur}} - x_{\text{opt}}) \tag{10.15}$$

由此可得

$$\boldsymbol{u}_{\text{new}} = (1-a)\boldsymbol{u}_{\text{cur}} + \boldsymbol{g}x_{\text{cur}} - |P_{\text{new}} - P_{\text{opt}}|(x_{\text{cur}} - x_{\text{opt}})\times RT/P_{\text{cur}} - 2\Omega\times\boldsymbol{u}RT/P_{\text{cur}} \tag{10.16}$$

在式（10.16）中，科氏力表示地球自转速度和空气单元加速度的矢量积。科氏力的影响可以简单地表示为：由其他相同空气单元随机选择速度 $\boldsymbol{u}_{\text{cur}}^{\text{otherdim}}$ 来代替，设 $c = -2|\Omega|RT$，把简化的科氏力代入式（10.16），可得

$$\boldsymbol{u}_{\text{new}} = (1-a)\boldsymbol{u}_{\text{cur}} + \boldsymbol{g}x_{\text{cur}} - |P_{\text{new}} - P_{\text{opt}}|(x_{\text{cur}} - x_{\text{opt}})\times RT/P_{\text{cur}} + (\frac{c\times\boldsymbol{u}_{\text{cur}}^{\text{otherdim}}}{P_{\text{cur}}}) \tag{10.17}$$

为了防止压力值过高，风速可能会变得非常大，风驱动优化算法的性能也会降低。此时可以利用排序法把所有空气单元以压力值按降序排序，这样可以把方程（10.17）改写成

$$\boldsymbol{u}_{\text{new}} = (1-a)\boldsymbol{u}_{\text{cur}} + \boldsymbol{g}x_{\text{cur}} + (x_{\text{cur}} - x_{\text{opt}})\times RT|1/i - 1|) + (\frac{c\times\boldsymbol{u}_{\text{cur}}^{\text{otherdim}}}{i}) \tag{10.18}$$

其中，i 表示所有空气单元的适应度值排名。由此得到位置更新方程为

$$x_{\text{new}} = x_{\text{cur}} + (\boldsymbol{u}_{\text{new}}\Delta t) \tag{10.19}$$

其中，x_{cur} 是搜索空间中空气单元的当前位置，x_{new} 是下一个循环状态新的位置。在搜索空间中，所有的空气单元在随机位置以随机速度移动。利用式（10.18）和式（10.19），每个空气单元的速度和位置在每次迭代中都会得到调整，如同空气单元向最优位置移动一样，因此，最后的循环是最优的解决办法。

10.1.5 风驱动优化算法流程

风驱动优化算法的流程图如图 10.1 所示。

风驱动优化算法的具体步骤如下：

步骤 1：初始化种群规模，设置最大迭代次数、相关参数（$a, \boldsymbol{g}, \text{RT}, c$）、搜索边界，并且定义压力函数（适应度函数）。

步骤 2：初始化空气单元的位置和速度。

步骤 3：计算当前迭代中空气单元的压力值，并按压力值将种群重新排列。

步骤 4：根据式（10.18）更新空气质点的速度。

步骤 5：根据式（10.19）更新空气质点的位置。

步骤 6：判断是否满足约束条件，若满足则输出最优空气单元；否则重复步骤 2～5。

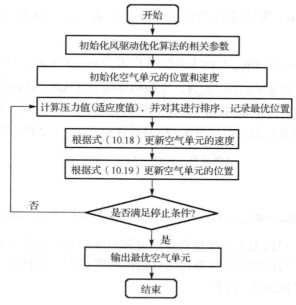

图 10.1　风驱动优化算法的流程图

10.2　风驱动优化算法的 MATLAB 实现

10.2.1　种群初始化

10.2.1.1　MATLAB 相关函数

函数 rand()是 MATLAB 自带的随机数生成函数，能生成区间[0,1]内的随机数。

```
>> rand()

ans =

    0.5640
```

若要一次性生成多个随机数，则可以这样使用 rand(row,col)，其中 row 与 col 分别表示行和列，如 rand(3,4)表示生成 3 行 4 列的范围在区间[0,1]内的随机数。

```
>> rand(3,4)

ans =
```

0.1661	0.1130	0.4934	0.0904
0.2506	0.8576	0.7964	0.4675
0.2860	0.2406	0.5535	0.7057

若要生成指定范围内的随机数，则可以利用如下表达式表示：

$$r = \text{lb} + (\text{ub} - \text{lb}) \times \text{rand}()$$

其中，ub 表示范围的上边界，lb 表示范围的下边界。如在区间[0,4]内生成 5 个随机数。

```
>> (4-0).*rand(1,5) + 0

ans =

    0.1692    2.9335    1.8031    2.0817    1.6938
```

10.2.1.2　风驱动优化算法初始化函数编写

定义风驱动优化算法初始化函数名称为 initialization，并单独编写成一个函数将其存放在 initialization.m 文件中。利用 10.2.1.1 节中的随机数生成方式，生成初始种群。

```
%% 风驱动优化算法的初始化函数
function X = initialization(pop,ub,lb,dim)
    %pop 为空气粒子的数量
    %dim 为个体的维度
    %ub 为个体维度变量的上边界，维度为[1,dim]
    %lb 为个体维度变量的下边界，维度为[1,dim]
    %X 为输出的种群，维度为[pop,dim]
    X = zeros(pop,dim); %为 X 事先分配空间
    for i = 1:pop
        for j = 1:dim
            X(i,j) = (ub(j) - lb(j))*rand() + lb(j);   %生成区间[lb,ub]内的随机数
        end
    end
end
```

假设空气粒子数量为 10，每个个体维度均为 5，每个维度的边界均为[−5,5]，利用初始化函数初始种群。

```
>> pop = 10;
dim = 5;
ub = [5,5,5,5,5];
lb = [-5,-5,-5,-5,-5];
X = initialization(pop,ub,lb,dim)
X =

    4.0128   -4.1002    2.2631    0.3289   -3.5791
   -4.0030   -1.2295   -2.8867   -4.7501   -2.3254
    2.9829   -1.4263    2.9411   -3.0492   -3.6387
    1.3984   -1.3664    2.9571    0.0372   -2.8473
```

```
    0.8161    -0.8394    1.6395    2.3809    3.3831
   -0.5585     0.9041    2.4232   -0.1881   -4.5387
    3.3292    -2.0766   -1.9047   -2.3631    4.8229
    2.8580    -0.6887    4.4058    0.4283   -0.1423
   -0.2458    -0.3057   -4.3353   -1.4527   -3.6862
    2.5432     0.9329    2.0006   -2.4433    4.3412
```

10.2.2　适应度函数

适应度函数是优化问题的目标函数，根据不同应用设计相应的适应度函数。我们可以把自己设计的适应度函数，单独写成一个函数，方便优化算法调用。一般将适应度函数命名为 fun，这里我们定义一个适应度函数并存放在 fun.m 文件中，适应度函数定义如下：

```
%% 适应度函数
function fitness = fun(x)
%x 为输入一个个体，维度为[1,dim]
%fitness 为输出的适应度值
    fitness = sum(x.^2);
end
```

这里我们的适应度值就是 x 所有值的平方和，如 $x = [1,2]$，那么经过适应度函数计算后得到的值为 5。

```
>> x = [1,2];
fitness = fun(x)

fitness =

    5
```

10.2.3　边界检查和约束

边界检查的作用是防止变量超过规定的范围，一般当变量大于上边界时，直接将其设置为上边界；当变量小于下边界时，直接将其设置为下边界。具体逻辑表达式如下：

$$val=\begin{cases} ub, & val>ub \\ lb, & val<lb \end{cases}$$

定义边界检查函数为 BoundaryCheck()，并将其保存为 BoundaryCheck.m 文件。

```
%% 边界检查函数
function [X] = BoundaryCheck(x,ub,lb,dim)
    %dim 为数据的维度大小
    %x 为输入数据，维度为[1,dim]
    %ub 为数据上边界，维度为[1,dim]
    %lb 为数据下边界，维度为[1,dim]
    for i = 1:dim
        if x(i) > ub(i)
            x(i) = ub(i);
        end
```

```
        if x(i) < lb(i)
            x(i) = lb(i);
        end
    end
    X = x;
end
```

假设 x = [1,–2,3,–4]，定义的上边界为[1,1,1,1]，下边界为[–1,–1,–1,–1]。于是经过边界检查和约束后，X 应为[1,–1,1,–1]。

```
>> dim = 4;
x = [1,-2,3,-4];
ub = [1,1,1,1];
lb = [-1,-1,-1,-1];
X = BoundaryCheck(x,ub,lb,dim)

X =

    1    -1    1    -1
```

10.2.4　风驱动优化算法

将整个风驱动优化算法定义为一个模块，该模块名称为 WDO，并将其存储为 WDO.m 文件。整个风驱动优化算法的 MATLAB 代码编写如下：

```
%%---------------风驱动优化算法---------------------%%
%% 输入：
%   pop 为种群数量
%   dim 为单个个体的维度
%   ub 为上边界，维度为[1,dim]
%   lb 为下边界，维度为[1,dim]
%   fobj 为适应度函数接口
%   maxIter 为算法的最大迭代次数，用于控制算法的停止
%% 输出：
%   Best_Pos 为利用风驱动优化算法找到的最优位置
%   Best_fitness 最优位置对应的适应度值
%   IterCurve 用于记录每次迭代的最优适应度，即后续用其绘制迭代曲线
function [Best_Pos,Best_fitness,IterCurve] = WDO(pop,dim,ub,lb,fobj,
maxIter)
    %风驱动优化算法的相关参数
    RT = 3;          % RT 系数
    g = 0.2;         % 引力常数
    alp = 0.4;       % 更新公式中的常量
    c = 0.4;         % 科氏力影响
    maxV = 0.3.*ub.*ones(1,dim);    % 速度上边界为 ub 的 0.3 倍，可调
    minV = -0.3.*ub.*ones(1,dim);   % 速度下边界为 ub 的 0.3 倍，可调

    %% 初始化空气单元的种群位置
```

```
pos = initialization(pop,ub,lb,dim);
%% 初始化速度位置
V = initialization(pop,maxV,minV,dim);
%% 计算压力值（适应度值）
fitness = zeros(1,pop);
for i = 1:pop
    fitness(i) = fobj(pos(i,:));
end
%寻找适应度最小的位置，记录全局最优位置
[SortFitness,indexSort] = sort(fitness);
gBest = pos(indexSort(1),:); %全局最优位置
gBestFitness = SortFitness(1);  %全局最优位置对应的适应度值
%种群排序
pos = pos(indexSort,:);
fitness = SortFitness;
%开始迭代
for t = 1:maxIter
    for i = 1:pop
        % 随机选择维度
        a = randperm(dim);
        velot = V(i,a);
        %更新速度
        V(i,:) = (1 - alp)*V(i,:)-(g*pos(i,:))+ ...
                abs(1-1/i)*((gBest-pos(i,:)).*RT)+ ...
                (c*velot/i);
        %速度边界检查
        V(i,:) = BoundaryCheck(V(i,:),maxV,minV,dim);
        %更新空气单元的位置
        pos(i,:) = pos(i,:) + V(i,:);
        %位置边界检查
        pos(i,:) = BoundaryCheck(pos(i,:),ub,lb,dim);
        %计算适应度值
        fitness(i) = fobj(pos(i,:));
        if fitness(i) < gBestFitness
            gBestFitness = fitness(i);
            gBest = pos(i,:);
        end
    end
    [SortFitness,indexSort] = sort(fitness);
    %种群排序
    pos = pos(indexSort,:);
    fitness = SortFitness;
    IterCurve(t) = gBestFitness;
end
%输出最优位置和对应的适应度值
```

```
    Best_Pos = gBest;
    Best_fitness = gBestFitness;
  end
```

其中，涉及函数 randperm()，该函数的作用是生成一组在某个范围内不重复的随机整数，如 randperm(5)，表示生成一组在区间[1,5]内的不重复随机整数。

```
>> randperm(5)

ans =

    1    3    4    2    5
```

至此，基本风驱动优化算法的代码编写完成，所有涉及风驱动优化算法的子函数均包括如图 10.2 所示的.m 文件。

Get_Functions_details.m	2020/8/29 9:28	MATLAB Code	7 KB
func_plot.m	2020/8/29 9:28	MATLAB Code	3 KB
wdo.m	2021/2/23 9:04	MATLAB Code	4 KB
main.m	2021/4/29 14:05	MATLAB Code	2 KB

图 10.2　.m 文件

下一节将讲解如何使用上述风驱动优化算法来解决优化问题。

10.3　风驱动优化算法的应用案例

10.3.1　求解函数极值

问题描述：求解一组 x_1, x_2，使得下面函数的值最小。

$$f(x_1, x_2) = x_1^2 + x_2^2$$

其中，x_1 与 x_2 的取值范围分别为[−10,10]，[−10,10]。

首先，利用 MATLAB 绘图的方式来查看搜索空间是什么，然后绘制该函数搜索曲面如图 10.3 所示。

```
%% 绘制 f(x1,x2)的搜索曲面
x1 =-10:0.01:10;
x2 = -10:0.01:10;
for i = 1:size(x1,2)
   for j = 1:size(x2,2)
      X1(i,j) = x1(i);
      X2(i,j) = x2(j);
      f(i,j) = x1(i)^2 + x2(j)^2;
   end
end
surfc(X1,X2,f,'LineStyle','none'); %绘制搜索曲面
```

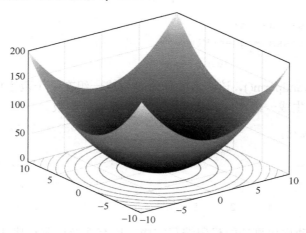

图 10.3　$f(x_1,x_2)$ 搜索曲面

从函数表达式和搜索空间可知，该函数的最小值为 0，最优解为 $x_1 = 0$，$x_2 = 0$。利用风驱动优化算法对该问题进行求解，设置种群数量 pop 为 50，最大迭代次数 maxIter 为 100，由于是求解 x_1 与 x_2，因此将个体的维度 dim 设为 2，个体的上边界 ub =[10,10]，下边界 lb=[−10,−10]。根据问题设定适应度函数 fun.m 如下：

```
%% 适应度函数
function fitness = fun(x)
%x 为输入个体当前位置，维度为[1,dim]
%fitness 为输出的适应度值
    fitness = x(1)^2 + x(2)^2;
end
```

求解该问题的主函数 main.m 如下：

```
%% 利用风驱动优化算法求解 x1^2 + x2^2 的最小值
clc;clear all;close all;
                        %设定风驱动优化算法的参数
pop = 50;               %种群数量
dim = 2;                %变量维度
ub = [10,10];           %风驱动优化算法的上边界
lb = [-10,-10];         %风驱动优化算法的下边界
maxIter = 100;          %最大迭代次数
fobj = @(x) fun(x);     %设置适应度函数为 fun(x)
                        %利用风驱动优化算法求解问题
[Best_Pos,Best_fitness,IterCurve] = WDO(pop,dim,ub,lb,fobj,maxIter);
                        %绘制迭代曲线
figure
plot(IterCurve,'r-','linewidth',1.5);
grid on;                %网格开
title('风驱动优化迭代曲线')
xlabel('迭代次数')
ylabel('适应度值')

disp(['求解得到的 x1, x2 为: ',num2str(Best_Pos(1)),'',num2str (Best_Pos
```

```
(2))]);
    disp(['最优解对应的函数值为：',num2str(Best_fitness)]);
```

程序运行结果如图 10.4 所示。

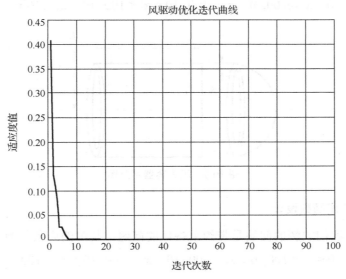

图 10.4　程序运行结果

输出结果如下：

```
求解得到的 x1, x2 为：-1.0095e-09   -6.2068e-10
最优解对应的函数值为：1.4042e-18
```

从风驱动优化算法寻优的结果来看，利用风驱动优化算法得到的最终值(−1.0095e−09，−6.2068e−10)非常接近理论最优值(0, 0)，表明风驱动优化算法具有寻优能力强的特点。

10.3.2　带约束问题求解：基于风驱动优化算法的压力容器设计

10.3.2.1　问题描述

压力容器设计问题的目标是使压力容器制作（配对、成型和焊接）成本最低，压力容器的设计如图 10.5 所示，压力容器的两端都由封盖封住，头部一端的封盖为半球状。L 是不考虑头部的圆柱体部分的截面长度，R 是圆柱体的内壁半径，T_s 和 T_h 分别表示圆柱体的壁厚和头部的壁厚，L、R、T_s 和 T_h 即为压力容器设计问题的 4 个优化变量。问题的目标函数表示如下：

$$x = [x_1, x_2, x_3, x_4] = [T_s, T_h, R, L]$$

$$\min f(x) = 0.6224x_1x_3x_4 + 1.7781x_2x_3^2 + 3.1661x_1^2x_4 + 19.84x_1^2x_3$$

目标函数的约束条件表示如下：

$$g_1(x) = -x_1 + 0.0193x_3 \leqslant 0$$

$$g_2(x) = -x_2 + 0.00954x_3 \leqslant 0$$

$$g_3(x) = -\pi x_3^2 - 4\pi x_3^3/3 + 129600 \leq 0$$

$$g_4(x) = x_4 - 240 \leq 0$$

$$0 \leq x_1 \leq 100,\ 0 \leq x_2 \leq 100,\ 10 \leq x_3 \leq 100,\ 10 \leq x_4 \leq 100$$

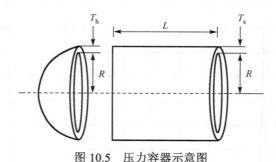

图 10.5 压力容器示意图

10.3.2.2 适应度函数设计

在该问题中，我们求解的问题是带约束条件的问题，其中约束条件为

$$0 \leq x_1 \leq 100,\ 0 \leq x_2 \leq 100,\ 10 \leq x_3 \leq 100,\ 10 \leq x_4 \leq 100$$

通过寻优的边界设置约束条件，即设置上边界 ub=[100,100,100,100]，下边界 lb =[0,0,10,10]。其中，需要在适应度函数中对 $g_1(x),g_2(x),g_3(x),g_4(x)$ 进行约束，若 x_1, x_2, x_3, x_4 不满足约束条件，则设置该适应度函数无效，并将其设置为 inf。定义适应度函数 fun.m 如下：

```
% 压力容器适应度函数
function fitness = fun(x)
    x1 = x(1); %Ts
    x2 = x(2); %Th
    x3 = x(3); %R
    x4 = x(4); %L

    %% 约束条件判断
    g1 = -x1+0.0193*x3;
    g2 = -x2+0.00954*x3;
    g3 = -pi*x3^2-4*pi*x3^3/3+1296000;
    g4 = x4-240;
    if(g1 <= 0&&g2 <= 0&&g3 <= 0&&g4 <= 0)%若满足约束条件，则计算适应度值
        fitness = 0.6224*x1*x3*x4 + 1.7781*x2*x3^2 + 3.1661*x1^2*x4 +
19.84*x1^2*x3;
    else%否则适应度值无效，并将其设置为较大值
        fitness = 10E8;
    end

end
```

10.3.2.3 风驱动优化算法主函数设计

通过上述分析，设置风驱动优化算法的参数为：设种群数量 pop 为 50，最大迭代次数

maxIter 为 500，个体的维度 dim 为 4（x_1, x_2, x_3, x_4），个体上边界 ub =[100,100,100,100]，下边界 lb=[0,0,10,10]，主函数 main.m 设计如下：

```
%% 基于风驱动优化算法的压力容器设计
clc;clear all;close all;
%风驱动优化算法的参数设定
pop = 50;                        %种群数量
dim = 4;                         %变量维度
ub = [100,100,100,100];          %风驱动优化算法的上边界
lb = [0,0,10,10];                %风驱动优化算法的下边界
maxIter = 500;                   %最大迭代次数
fobj = @(x) fun(x);              %设置适应度函数为 fun(x)
%利用风驱动优化算法求解问题
[Best_Pos,Best_fitness,IterCurve] = WDO(pop,dim,ub,lb,fobj,maxIter);

% [Best_Pos,Best_fitness,IterCurve] = wdo(fobj,lb,ub,dim,pop,maxIter);
%绘制迭代曲线
figure
plot(IterCurve,'r-','linewidth',1.5);
grid on;%网格开
title('风驱动优化迭代曲线')
xlabel('迭代次数')
ylabel('适应度值')

disp(['求解得到的 x1,x2,x3,x4 为：',num2str(Best_Pos(1)),'    ',num2str
(Best_Pos(2)),' ',num2str(Best_Pos(3)),' ',num2str(Best_Pos(4))]);
    disp(['最优解对应的函数值为：',num2str(Best_fitness)]);
```

程序运行结果如图 10.6 所示。

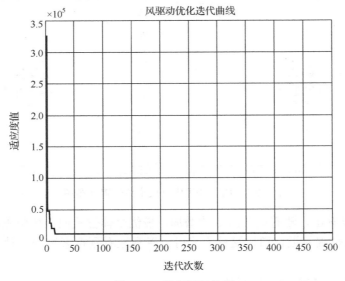

图 10.6　程序运行结果

输出结果如下：

```
求解得到的 x1,x2,x3,x4 为:1.4289    0.71765 68.48 10
最优解对应的函数值为：9431.5465
```

由图 10.6 可知，压力容器适应度函数值不断减小，表明风驱动优化算法不断地对参数进行优化。最终输出了一组满足约束条件的压力容器参数，对压力容器的设计具有指导意义。

10.4   风驱动优化算法的中间结果

为了更加直观地了解个体在每代的分布、前后迭代、个体位置变化，以及以 10.3.1 节中求函数极值为例，如图 10.7 所示，需要将风驱动算法的中间结果绘制出来。为了达到此目的，我们需要记录每代个体的位置（History Position），同时记录每代最优个体的位置（History Best），然后通过 MATLAB 绘图函数将图像绘制出来。

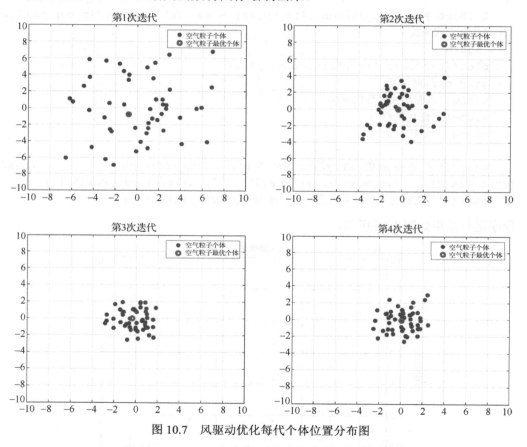

图 10.7   风驱动优化每代个体位置分布图

从图 10.7 可以看出，随着迭代次数的增加，最优个体位置向最优位置(0,0)靠近，说明算法不断地朝着最优位置靠近。通过这种方式可以直观地看到搜索过程。使得风驱动优化算法变得更加直观。

记录每代位置的 MATLAB 代码如下：

```
%%---------------风驱动优化算法---------------%%
```

```matlab
%% 输入:
%     pop 为个体数量
%     dim 为单个个体的维度
%     ub 为上边界信息,维度为[1,dim]
%     lb 为下边界信息,维度为[1,dim]
%     fobj 为适应度函数接口
%     maxIter 为算法的最大迭代次数,用于控制算法的停止
%% 输出:
%     Best_Pos 为利用风驱动算法找到的最优位置
%     Best_fitness 为最优位置对应的适应度值
%     IterCurve 用于记录每次迭代的最优适应度值,即后续用其绘制迭代曲线
%     HistoryPosition 用于记录每代个体的位置
%     HistoryBest 用于记录每代最优个体的位置
function [Best_Pos,Best_fitness,IterCurve,HistoryPosition,HistoryBest]
= WDO(pop,dim,ub,lb,fobj,maxIter)
    %风驱动相关常数参数
    RT = 3;            % RT 系数
    g = 0.2;           % 引力常数
    alp = 0.4;         % 更新公式中的常量
    c = 0.4;           % 科氏力影响
    maxV = 0.3.*ub.*ones(1,dim);       % 速度上边界为 ub 的 0.3 倍,可调
    minV = -0.3.*ub.*ones(1,dim);      % 速度下边界为 ub 的-0.3 倍,可调

    %% 初始化空气单元种群的位置
    pos = initialization(pop,ub,lb,dim);
    %% 初始化速度与位置
    V = initialization(pop,maxV,minV,dim);
    %% 计算压力值(适应度值)
    fitness = zeros(1,pop);
    for i = 1:pop
        fitness(i) = fobj(pos(i,:));
    end
    %寻找适应度值最小的位置,记录全局最优位置
    [SortFitness,indexSort] = sort(fitness);
    gBest = pos(indexSort(1),:); %全局最优位置
    gBestFitness = SortFitness(1);   %全局最优位置对应的适应度值
    %种群排序
    pos = pos(indexSort,:);
    fitness = SortFitness;
    %开始迭代
    for t = 1:maxIter
        for i = 1:pop
            % 随机选择维度
            a = randperm(dim);
            velot = V(i,a);
            %更新速度
            V(i,:) = (1- alp)*V(i,:)-(g*pos(i,:))+ ...
```

```
                    abs(1-1/i)*((gBest-pos(i,:)).*RT)+ ...
                    (c*velot/i);
            %速度边界检查
            V(i,:) = BoundaryCheck(V(i,:),maxV,minV,dim);
            %更新空气单元的位置
            pos(i,:) = pos(i,:) + V(i,:);
            %边界检查
            pos(i,:) = BoundaryCheck(pos(i,:),ub,lb,dim);
            %计算适应度值
            fitness(i) = fobj(pos(i,:));
            if fitness(i) < gBestFitness
                gBestFitness = fitness(i);
                gBest = pos(i,:);
            end
        end
        [SortFitness,indexSort] = sort(fitness);
        %种群排序
        pos = pos(indexSort,:);
        V = V(indexSort,:);
        fitness = SortFitness;
        HistoryPosition{t} = pos;
        HistoryBest{t} = gBest;
        IterCurve(t) = gBestFitness;
    end
    %输出最优位置和对应的适应度值
    Best_Pos = gBest;
    Best_fitness = gBestFitness;
end
```

绘制每代空气单元分布的绘图函数代码如下：

```
%% 绘制每代空气单元的分布
for i = 1:maxIter
    Position = HistoryPosition{i};%获取当前代的位置
    BestPosition = HistoryBest{i};%获取当前代的最优位置
    figure(3)
    plot(Position(:,1),Position(:,2),'*','linewidth',3);
    hold on;
    plot(BestPosition(1),BestPosition(2),'ro','linewidth',3);
    grid on;
    axis([-10 10,-10,10])
    legend('空气粒子个体','空气粒子最优个体');
    title(['第',num2str(i),'次迭代']);
    hold off
end
```

参 考 文 献

[1] BAYRAKTAR Z，KOMURCU M, WERNER D H．Wind Driven Optimization (WDO): A novel nature-inspired optimization algorithm and its application to electromagnetics[C].2010 IEEE Antennas and Propagation Society International Symposium, 2010.

[2] 李士勇，李研，林永茂. 智能优化算法与涌现计算[M]. 北京: 清华大学出版社，2019.

[3] 任作琳，张儒剑，田雨波. 风驱动优化算法[J].江苏科技大学学报(自然科学版)，2015, 29(02): 153-158.

[4] 包宗藩. 风力驱动优化算法及其应用研究[D]. 南宁: 广西民族大学，2016.

[5] 任作琳，田雨波，孙菲艳. 具有强开发能力的风驱动优化算法[J]. 计算机科学，2016, 43(01): 275-281, 305.

[6] 陈彬彬，曹中清，余胜威. 基于风驱动优化算法 WDO 的 PID 参数优化[J]. 计算机工程与应用，2016, 52(14): 250-253+260.

[7] ARORA J. S. Introduction to Optimum Design[M]. America: Academic Press, 2004.

[8] 胡志敏，颜学峰. 双层粒子群算法及应用于压力容器设计[J]. 计算机与应用化学，2012, 29(09): 111-114.

第 11 章　智能优化算法基准测试集

11.1　基准测试集简介

为了测试智能优化算法的性能，研究者们总结了典型的智能优化算法基准测试集，其中使用最多的基准测试函数有 23 个，将其分别命名为 F1～F23，如表 11.1 所示。

表 11.1　常用的基准测试函数

名称	函数表达式	维度	变量范围值	全局最优值
F1	$f_1(x) = \sum_{i=1}^{n} x_i^2$	30	$[-100,100]$	0
F2	$f_2(x) = \sum_{i=1}^{n}|x_i| + \prod_{i=1}^{n}|x_i|$	30	$[-10,10]$	0
F3	$f_3(x) = \sum_{i=1}^{n}(\sum_{j-1}^{i} x_j)^2$	30	$[-100,100]$	0
F4	$f_4(x) = \max_i\{|x_i|, 1 \leqslant i \leqslant n\}$	30	$[-10,10]$	0
F5	$f_5(x) = \sum_{i=1}^{n-1}[100(x_{i+1} - x_i^2)^2 + (x_i - 1)^2]$	30	$[-30,30]$	0
F6	$f_6(x) = \sum_{i=1}^{n}[x_i + 0.5]^2$	30	$[-100,100]$	0
F7	$f_7(x) = \sum_{i=1}^{n} ix_i^4 + random[0,1)$	30	$[-1.28,1.28]$	0
F8	$f_8(x) = \sum_{i=1}^{n} -x_i \sin(\sqrt{|x_i|})$	30	$[-500,500]$	-418.9829×30
F9	$f_9(x) = \sum_{i=1}^{n}[x_1^2 - 10\cos(2\pi x_i) + 10]$	30	$[-5.12,5.12]$	0
F10	$f_{10}(x) = -20\exp(-0.2\sqrt{\frac{1}{n}\sum_{i=1}^{n} x_i^2}) -$ $\exp(\frac{1}{n}\sum_{i=1}^{n}\cos(2\pi x_i)) + 20 + e$	30	$[-32,32]$	0
F11	$f_{11}(x) = \frac{1}{4000}\sum_{i=1}^{n} x_i^2 - \prod_{i=1}^{n}\cos(\frac{x_i}{\sqrt{i}}) + 1$	30	$[-600,600]$	0
F12	$f_{12}(x) = \frac{\pi}{n}\{10\sin(\pi y_1) + \sum_{i=1}^{n-1}(y_i - 1)^2[1 + 10\sin^2(\pi y_{i+1})] +$ $(y_n - 1)^2\} + \sum_{i=1}^{n} u(x_i, 10, 100, 4)$ $y_i = 1 + \frac{x_i + 1}{4}$ $u(x_i, a, k, m) = \begin{cases} k(x_i - a)^m, x_i > a \\ 0, -a < x_i < a \\ k(-x_i - a)^m, x_i < -a \end{cases}$	30	$[-50,50]$	0

续表

名称	函数表达式	维度	变量范围值	全局最优值
F13	$f_{13}(x) = 0.1\{\sin^2(3\pi x_1) + \sum_{i=1}^{n}(x_i-1)^2[1+\sin^2(3\pi x_i+1)] \cdot$ $(x_n-1)^2[1+\sin^2(2\pi x_n)]\} + \sum_{i=1}^{n}u(x_i,5,100,4)$	30	[−50,50]	0
F14	$f_{14}(x) = (\frac{1}{500} + \sum_{j=1}^{25}\frac{1}{j+\sum_{i=1}^{2}(x_i-a_{ij})^6})^{-1}$	2	[−65,65]	1
F15	$f_{15}(x) = \sum_{i=1}^{11}\left[a_i - \frac{x_1(b_i^2+b_ix_2)}{b_i^2+b_ix_3+x_4}\right]^2$	4	[−5,5]	0.0003
F16	$f_{16}(x) = 4x_1^2 - 2.1x_1^4 + \frac{1}{3}x_1^6 + x_1x_2 - 4x_2^2 + 4x_2^4$	2	[−5,5]	−1.0316
F17	$f_{17}(x) = (x_2 - \frac{5.1}{4\pi^2}x_1^2 + \frac{5}{\pi}x_1 - 6)^2 +$ $10(1-\frac{1}{8\pi})\cos x_1 + 10$	2	[−5,5]	0.398
F18	$f_{18}(x) = [1+(x_1+x_2+1)^2(19-14x_1+3x_1^2-14x_2+$ $6x_1x_2+3x_2^2)] \times [30+(2x_1-3x_2)^2 \cdot$ $(18-32x_1+12x_1^2+48x_2-36x_1x_2+27x_2^2)]$	2	[−2,2]	3
F19	$f_{19}(x) = -\sum_{i=1}^{4}c_i\exp(-\sum_{j=1}^{3}a_{ij}(x_j-p_{ij})^2)$	3	[0,1]	−3.86
F20	$f_{20}(x) = -\sum_{i=1}^{4}c_i\exp(-\sum_{j=1}^{6}a_{ij}(x_j-p_{ij})^2)$	6	[0,1]	−3.32
F21	$f_{21}(x) = -\sum_{i=1}^{5}[(X-a_i)(X-a_i)^{\mathrm{T}}+c_i]^{-1}$	4	[0,10]	−10.1532
F22	$f_{22}(x) = -\sum_{i=1}^{7}[(X-a_i)(X-a_i)^{\mathrm{T}}+c_i]^{-1}$	4	[0,10]	−10.4028
F23	$f_{23}(x) = -\sum_{i=1}^{10}[(X-a_i)(X-a_i)^{\mathrm{T}}+c_i]^{-1}$	4	[0,10]	−10.5363

11.2　基准测试函数绘图与测试函数代码编写

11.2.1　函数 F1

函数 F1 的基本信息如下：

名称	函数表达式	维度	变量范围值	全局最优值
F1	$f_1(x) = \sum_{i=1}^{n}x_i^2$	30	[−100,100]	0

当维度为二维时，函数 F1 搜索曲面如图 11.1 所示。

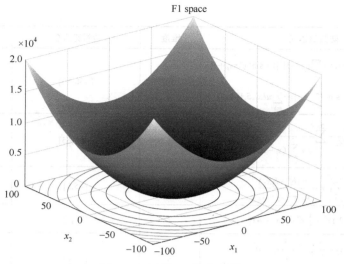

图 11.1　函数 F1 搜索曲面

函数 F1 的 **MATLAB** 代码如下：

```
function o = F1_Fun(x)
o = sum(x.^2);
end
```

绘制函数 F1 搜索曲面的 **MATLAB** 代码如下：

```
%函数 F1 搜索曲面的绘制函数
function F1_FunPlot()
    x = -100:2:100;                    %x 的范围为[-100,100]
    y = x;                             %y 的范围为[-100,100]
    L = length(x);
    for i = 1:L
        for j = 1:L
            f(i,j) = F1_Fun([x(i),y(j)]); %输入区间[x,y]内对应的函数输出值
        end
    end
    surfc(x,y,f,'LineStyle','none');   %绘制搜索曲面
    title('F1 space')                  %图表名称
    xlabel('x_1');                     %x 轴名称
    ylabel('x_2');                     %y 轴名称
end
```

11.2.2　函数 F2

函数 F2 的基本信息如下：

名称	函数表达式	维度	变量范围值	全局最优值
F2	$f_2(x) = \sum_{i=1}^{n} \lvert x_i \rvert + \prod_{i=1}^{n} \lvert x_i \rvert$	30	$[-10,10]$	0

当维度为二维时，函数 F2 搜索曲面如图 11.2 所示。

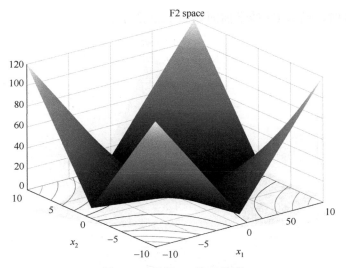

图 11.2　函数 F2 搜索曲面

函数 F2 的 MATLAB 代码如下：

```
function o = F2_Fun(x)
o=sum(abs(x))+prod(abs(x));
end
```

绘制函数 F2 搜索曲面的 MATLAB 代码如下：

```
%函数 F2 搜索曲面的绘制函数
function F2_FunPlot()
    x=-10:0.1:10;                              %x 的范围为[-10,10]
    y=x;                                       %y 的范围为[-10,10]
    L=length(x);
    for i = 1:L
        for j = 1:L
            f(i,j) = F2_Fun([x(i),y(j)]);      %输入区间[x,y]内对应的函数输出值
        end
    end
    surfc(x,y,f,'LineStyle','none');           %绘制搜索曲面
    title('F2 space')                          %图表名称
    xlabel('x_1');                             %x 轴名称
    ylabel('x_2');                             %y 轴名称
    grid on
end
```

11.2.3　函数 F3

函数 F3 的基本信息如下：

名称	函数表达式	维度	变量范围值	全局最优值
F3	$f_3(x)=\sum_{i=1}^{n}(\sum_{j-1}^{i}x_j)^2$	30	$[-100,100]$	0

当维度为二维时，函数 F3 搜索曲面如图 11.3 所示。

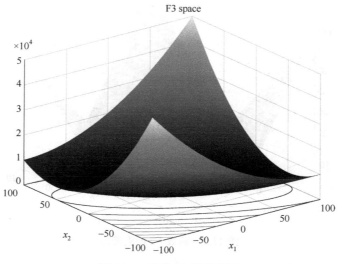

图 11.3　函数 F3 搜索曲面

函数 F3 的 MATLAB 代码如下：

```
function o = F3_Fun(x)
    dim = size(x,2);
    o=0;
    for i = 1:dim
        o = o+sum(x(1:i))^2;
    end
end
```

绘制函数 F3 搜索曲面的 MATLAB 代码如下：

```
%函数 F3 搜索曲面的绘制函数
function F3_FunPlot()
    x = -100:2:100;                          %x 的范围为[-100,100]
    y = x;                                   %y 的范围为[-100,100]
    L = length(x);
    for i = 1:L
        for j = 1:L
            f(i,j) = F3_Fun([x(i),y(j)]);    %输入区间[x,y]内对应的函数输出值
        end
    end
    surfc(x,y,f,'LineStyle','none');         %绘制搜索曲面
    title('F3 space')                        %图表名称
    xlabel('x_1');                           %x 轴名称
    ylabel('x_2');                           %y 轴名称
    grid on
end
```

11.2.4 函数 F4

函数 F4 的基本信息如下：

名称	函数表达式	维度	变量范围值	全局最优值
F4	$f_4(x) = \max_i \{ |x_i|, 1 \leqslant i \leqslant n \}$	30	$[-10,10]$	0

当维度为二维时，函数 F4 搜索曲面如图 11.4 所示。

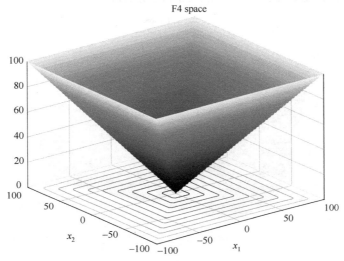

图 11.4 函数 F4 搜索曲面

函数 F4 的 MATLAB 代码如下：

```
function o = F4_Fun(x)
o=max(abs(x));
end
```

绘制函数 F4 搜索曲面的 MATLAB 代码如下：

```
%函数 F4 搜索曲面绘制函数
function F4_FunPlot()
    x=-100:2:100;                            %x 的范围为[-100,100]
    y=x;                                     %y 的范围为[-100,100]
    L=length(x);
    for i = 1:L
        for j = 1:L
            f(i,j) = F4_Fun([x(i),y(j)]);    %输入区间[x,y]内对应的函数输出值
        end
    end
    surfc(x,y,f,'LineStyle','none');         %绘制搜索曲面
    title('F4 space')                        %图表名称
    xlabel('x_1');                           %x 轴名称
    ylabel('x_2');                           %y 轴名称
    grid on
end
```

11.2.5 函数 F5

函数 F5 的基本信息如下：

名称	函数表达式	维度	变量范围值	全局最优值
F5	$f_5(x) = \sum\limits_{i=1}^{n-1}[100(x_{i+1} - x_i^2)^2 + (x_i - 1)^2]$	30	$[-30,30]$	0

当维度为二维时，函数 F5 搜索曲面如图 11.5 所示。

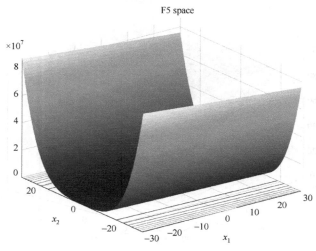

图 11.5 函数 F5 搜索曲面

函数 F5 的 MATLAB 代码如下：

```matlab
function o = F5_Fun(x)
dim = size(x,2);
o = sum(100*(x(2:dim)-(x(1:dim-1).^2)).^2+(x(1:dim-1)-1).^2);
end
```

绘制函数 F5 搜索曲面的 MATLAB 代码如下：

```matlab
%函数 F5 搜索曲面的绘制函数
function F5_FunPlot()
    x = -30:0.2:30;                    %x 的范围为[-30,30]
    y = x;                             %y 的范围为[-30,30]
    L = length(x);
    for i = 1:L
        for j = 1:L
            f(i,j) = F5_Fun([x(i),y(j)]); %输入[x,y]对应的函数输出值
        end
    end
    surfc(x,y,f,'LineStyle','none');   %绘制搜索曲面
    title('F5 space')                  %图表名称
    xlabel('x_1');                     %x 轴名称
    ylabel('x_2');                     %y 轴名称
    grid on
end
```

11.2.6 函数 F6

函数 F6 的基本信息如下：

名称	函数表达式	维度	变量范围值	全局最优值
F6	$f_6(x) = \sum_{i=1}^{n}[x_i+0.5]^2$	30	$[-100,100]$	0

当维度为二维时，函数 F6 搜索曲面如图 11.6 所示。

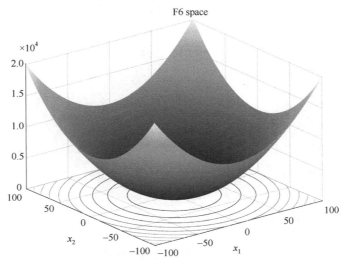

图 11.6　函数 F6 搜索曲面

函数 F6 的 MATLAB 代码如下：

```
function o = F6_Fun(x)
    o = sum(abs((x+.5)).^2);
end
```

绘制函数 F6 搜索曲面的 MATLAB 代码如下：

```
%函数 F6 搜索曲面的绘制函数
function F6_FunPlot()
    x = -100:2:100;                          %x 的范围为[-5,5]
    y = x;                                   %y 的范围为[-5,5]
    L = length(x);
    for i = 1:L
        for j = 1:L
            f(i,j) = F6_Fun([x(i),y(j)]);    %输入区间[x,y]内对应的函数输出值
        end
    end
    surfc(x,y,f,'LineStyle','none');         %绘制搜索曲面
    title('F6 space')                        %图表名称
    xlabel('x_1');                           %x 轴名称
    ylabel('x_2');                           %y 轴名称
    grid on
end
```

11.2.7 函数 F7

函数 F7 的基本信息如下：

名称	函数表达式	维度	变量范围值	全局最优值
F7	$f_7(x) = \sum_{i=1}^{n} ix_i^4 + random[0,1)$	30	$[-1.28, 1.28]$	0

当维度为二维时，函数 F7 搜索曲面如图 11.7 所示。

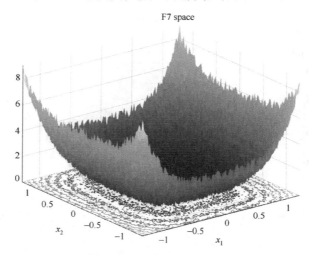

图 11.7　函数 F7 搜索曲面

函数 F7 的 MATLAB 代码如下：

```
function o = F7_Fun(x)
    dim = length(x);
    o = sum([1:dim].*(x.^4))+rand;
end
```

绘制函数 F7 搜索曲面的 MATLAB 代码如下：

```
%函数 F7 搜索曲面的绘制函数
function F7_FunPlot()
    x = -1.28:0.02:1.28;                    %x 的范围为[-1.28,1.28]
    y = x;                                  %y 的范围为[-1.28,1.28]
    L = length(x);
    for i = 1:L
        for j = 1:L
            f(i,j) = F7_Fun([x(i),y(j)]);   %输入区间[x,y]内对应的函数输出值
        end
    end
    surfc(x,y,f,'LineStyle','none');        %绘制搜索曲面
    title('F7 space')                       %图表名称
    xlabel('x_1');                          %x 轴名称
    ylabel('x_2');                          %y 轴名称
    grid on
end
```

11.2.8 函数 F8

函数 F8 的基本信息如下：

名称	函数表达式	维度	变量范围值	全局最优值
F8	$f_8(x) = \sum_{i=1}^{n} -x_i \sin(\sqrt{\|x_i\|})$	30	$[-500, 500]$	-418.9829×30

当维度为二维时，函数 F8 搜索曲面如图 11.8 所示。

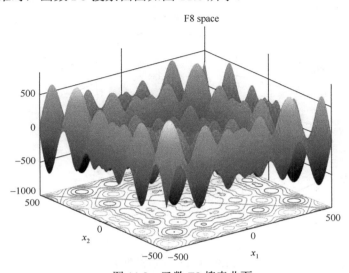

图 11.8 函数 F8 搜索曲面

函数 F8 的 MATLAB 代码如下：

```
function o = F8_Fun(x)
    o = sum(-x.*sin(sqrt(abs(x))));
end
```

绘制函数 F8 搜索曲面的 MATLAB 代码如下：

```
%函数 F8 搜索曲面的绘制函数
function F8_FunPlot()
    x = -500:2:500;                        %x 的范围为[-500,500]
    y = x;                                 %y 的范围为[-500,500]
    L = length(x);
    for i = 1:L
        for j = 1:L
            f(i,j) = F8_Fun([x(i),y(j)]); %输入区间[x,y]内对应的函数输出值
        end
    end
    surfc(x,y,f,'LineStyle','none');       %绘制搜索曲面
    title('F8 space')                      %图表名称
    xlabel('x_1');                         %x 轴名称
    ylabel('x_2');                         %y 轴名称
    grid on
end
```

11.2.9 函数 F9

函数 F9 的基本信息如下：

名称	函数表达式	维度	变量范围值	全局最优值
F9	$f_9(x) = \sum\limits_{i=1}^{n}[x_1^2 - 10\cos(2\pi x_i) + 10]$	30	$[-5.12, 5.12]$	0

当维度为二维时，函数 F9 搜索曲面如图 11.9 所示。

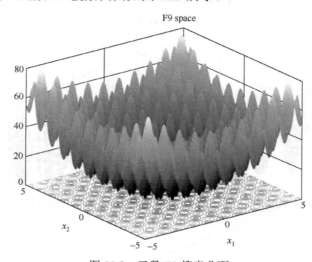

图 11.9　函数 F9 搜索曲面

函数 F9 的 MATLAB 代码如下：

```
function o = F9_Fun(x)
    dim = length(x);
    o = sum(x.^2-10*cos(2*pi.*x))+10*dim;
end
```

绘制函数 F9 搜索曲面的 MATLAB 代码如下：

```
%函数 F9 搜索曲面的绘制函数
function F9_FunPlot()
    x = -5.12:0.02:5.12;                %x 的范围为[-5.12,5.12]
    y = x;                              %y 的范围为[-5.12,5.12]
    L = length(x);
    for i = 1:L
        for j = 1:L
            f(i,j) = F9_Fun([x(i),y(j)]); %输入区间[x,y]内对应的函数输出值
        end
    end
    surfc(x,y,f,'LineStyle','none');    %绘制搜索曲面
    title('F9 space')                   %图表名称
    xlabel('x_1');                      %x 轴名称
    ylabel('x_2');                      %y 轴名称
    grid on
end
```

11.2.10 函数 F10

函数 F10 的基本信息如下：

名称	函数表达式	维度	变量范围值	全局最优值
F10	$f_{10}(x) = -20\exp\left(-0.2\sqrt{\dfrac{1}{n}\sum_{i=1}^{n}x_i^2}\right)$ $-\exp\left(\dfrac{1}{n}\sum_{i=1}^{n}\cos(2\pi x_i)\right)+20+e$	30	[−32,32]	0

当维度为二维时，函数 F10 搜索曲面如图 11.10 所示。

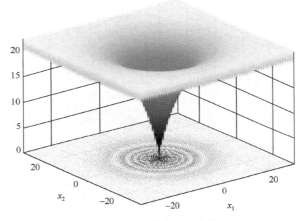

图 11.10　函数 F10 搜索曲面

函数 F10 的 MATLAB 代码如下：

```
function o = F10_Fun(x)
    dim = length(x);
    o=-20*exp(-.2*sqrt(sum(x.^2)/dim))-exp(sum(cos(2*pi.*x))/dim)+20+exp(1);
end
```

绘制函数 F10 搜索曲面的 MATLAB 代码如下：

```
%函数 F10 搜索曲面的绘制函数
function F10_FunPlot()
    x = -32:0.1:32;                           %x 的范围为[-32,32]
    y = x;                                    %y 的范围为[-32,32]
    L = length(x);
    for i = 1:L
        for j = 1:L
            f(i,j) = F10_Fun([x(i),y(j)]);    %输入区间[x,y]内对应的函数输出值
        end
    end
    surfc(x,y,f,'LineStyle','none');          %绘制搜索曲面
    title('F10 space')                        %图表名称
    xlabel('x_1');                            %x 轴名称
    ylabel('x_2');                            %y 轴名称
```

```
        grid on
    end
```

11.2.11 函数 F11

函数 F11 的基本信息如下：

名称	函数表达式	维度	变量范围值	全局最优值
F11	$f_{11}(x) = \dfrac{1}{4000}\sum_{i=1}^{n}x_i^2 - \Pi_{i=1}^{n}\cos\left(\dfrac{x_i}{\sqrt{i}}\right) + 1$	30	[−600,600]	0

当维度为二维时，函数 F11 搜索曲面如图 11.11 所示。

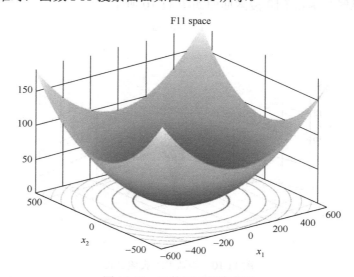

图 11.11 函数 F11 搜索曲面

函数 F11 的 MATLAB 代码如下：

```
function o = F11_Fun(x)
    dim = length(x);
    o = sum(x.^2)/4000-prod(cos(x./sqrt([1:dim])))+1;
end
```

绘制函数 F11 搜索曲面的 MATLAB 代码如下：

```
%函数 F11 搜索曲面的绘制函数
function F11_FunPlot()
    x = -600:2:600;                          %x 的范围为[-600,600]
    y = x;                                   %y 的范围为[-600,600]
    L = length(x);
    for i = 1:L
        for j = 1:L
            f(i,j) = F11_Fun([x(i),y(j)]);   %输入区间[x,y]内对应的函数输出值
        end
    end
    surfc(x,y,f,'LineStyle','none');         %绘制搜索曲面
```

```
    title('F11 space')                        %图表名称
    xlabel('x_1');                            %x 轴名称
    ylabel('x_2');                            %y 轴名称
    grid on
end
```

11.2.12 函数 F12

函数 F12 的基本信息如下：

名称	函数表达式	维度	变量范围值	全局最优值
F12	$f_{12}(x) = \dfrac{\pi}{n}\{10\sin(\pi y_1) + \sum\limits_{i=1}^{n-1}(y_i-1)^2[1+10\sin^2(\pi y_{i+1})] + (y_n-1)^2\} + \sum\limits_{i=1}^{n}u(x_i,10,100,4)$ $y_i = 1 + \dfrac{x_i+1}{4}$ $u(x_i,a,k,m) = \begin{cases} k(x_i-a)^m, & x_i > a \\ 0, & -a < x_i < a \\ k(-x_i-a)^m, & x_i < -a \end{cases}$	30	[−50,50]	0

当维度为二维时，函数 F12 搜索曲面如图 11.12 所示。

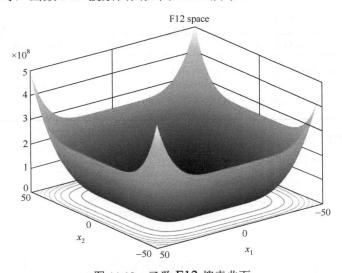

图 11.12 函数 F12 搜索曲面

函数 F12 的 MATLAB 代码如下：

```
function o = F12_Fun(x)
    dim = length(x);
    o = (pi/dim)*(10*((sin(pi*(1+(x(1)+1)/4)))^2)+sum((((x(1:dim-1)+1)./4).^2).*...
(1+10.*((sin(pi.*(1+(x(2:dim)+1)./4)))).^2))+((x(dim)+1)/4)^2)+sum(Ufu
n(x,10,100,4));
    end
    function o = Ufun(x,a,k,m)
    o = k.*((x-a).^m).*(x>a)+k.*((-x-a).^m).*(x<(-a));
    end
```

绘制曲面 MATLAB 代码如下：

```
%函数 F12 搜索曲面的绘制函数
function F12_FunPlot()
    x = -50:0.1:50;                          %x 的范围为[-50,50]
    y = x;                                    %y 的范围为[-50,50]
    L = length(x);
    for i = 1:L
        for j = 1:L
            f(i,j) = F12_Fun([x(i),y(j)]);   %输入区间[x,y]内对应的函数输出值
        end
    end
    surfc(x,y,f,'LineStyle','none');          %绘制搜索曲面
    title('F12 space')                        %图表名称
    xlabel('x_1');                            %x 轴名称
    ylabel('x_2');                            %y 轴名称
    grid on
end
```

11.2.13 函数 F13

函数 F13 的基本信息如下：

名称	函数表达式	维度	变量范围值	全局最优值
F13	$f_{13}(x) = 0.1\{\sin^2(3\pi x_1) + \sum_{i=1}^{n}(x_i-1)^2[1+\sin^2(3\pi x_i+1)] \cdot (x_n-1)^2[1+\sin^2(2\pi x_n)]\} + \sum_{i=1}^{n}u(x_i,5,100,4)$	30	$[-50,50]$	0

当维度为二维时，函数 F13 搜索曲面如图 11.13 所示。

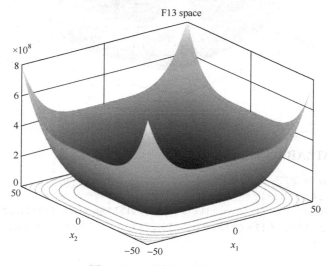

图 11.13 函数 F13 搜索曲面

函数 F13 的 MATLAB 代码如下：

```
function o = F13_Fun(x)
    dim = length(x);
    o =  0.1*((sin(3*pi*x(1)))^2+sum((x(1:dim-1)-1).^2.*(1+(sin(3.*pi.
*x(2:dim))).^2))+...
    ((x(dim)-1)^2)*(1+(sin(2*pi*x(dim)))^2))+sum(Ufun(x,5,100,4));
end
function o=Ufun(x,a,k,m)
    o=k.*((x-a).^m).*(x>a)+k.*((-x-a).^m).*(x<(-a));
end
```

绘制函数 F13 搜索曲面的 MATLAB 代码如下：

```
%函数 F13 搜索曲面的绘制函数
function F13_FunPlot()
    x = -50:0.1:50;                              %x 的范围为[-50,50]
    y = x;                                       %y 的范围为[-50,50]
    L = length(x);
    for i = 1:L
        for j = 1:L
            f(i,j) = F13_Fun([x(i),y(j)]);       %输入区间[x,y]内对应的函数输出值
        end
    end
    surfc(x,y,f,'LineStyle','none');             %绘制搜索曲面
    title('F13 space')                           %图表名称
    xlabel('x_1');                               %x 轴名称
    ylabel('x_2');                               %y 轴名称
    grid on
end
```

11.2.14　函数 F14

函数 F14 的基本信息如下：

名称	函数表达式	维度	变量范围值	全局最优值
F14	$f_{14}(x) = \left(\dfrac{1}{500} + \sum\limits_{j=1}^{25} \dfrac{1}{j + \sum\limits_{i=1}^{2}(x_i - a_{ij})^6} \right)^{-1}$	2	[-65,65]	1

当维度为二维时，函数 F14 搜索曲面如图 11.14 所示。

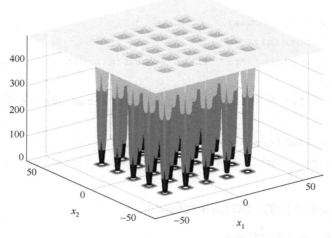

图 11.14　函数 F14 搜索曲面

函数 F14 的 MATLAB 代码如下：

```
function o = F14_Fun(x)
    aS = [-32 -16 0 16 32 -32 -16 0 16 32 -32 -16 0 16 32 -32 -16 0 16 32
-32 -16 0 16 32;,...
    -32 -32 -32 -32 -32 -16 -16 -16 -16 -16 0 0 0 0 0 16 16 16 16 16 32
32 32 32 32];

    for j = 1:25
        bS(j) = sum((x'-aS(:,j)).^6);
    end
    o = (1/500+sum(1./([1:25]+bS))).^(-1);
end
```

绘制函数 F14 搜索曲面的 MATLAB 代码如下：

```
%函数 F14 搜索曲面的绘制函数
function F14_FunPlot()
    x = -65:1:65;                              %x 的范围为[-65,65]
    y = x;                                     %y 的范围为[-65,65]
    L = length(x);
    for i = 1:L
        for j = 1:L
            f(i,j) = F14_Fun([x(i),y(j)]);     %输入区间[x,y]内对应的函数输出值
        end
    end
    surfc(x,y,f,'LineStyle','none');           %绘制搜索曲面
    title('F14 space')                         %图表名称
    xlabel('x_1');                             %x 轴名称
    ylabel('x_2');                             %y 轴名称
    grid on
end
```

11.2.15　函数 F15

函数 F15 的基本信息如下：

名称	函数表达式	维度	变量范围值	全局最优值
F15	$f_{15}(x) = \sum_{i=1}^{11} \left[a_i - \dfrac{x_1(b_i^2 + b_i x_2)}{b_i^2 + b_i x_3 + x_4} \right]^2$	4	[−5,5]	0.0003

当维度为二维时，函数 F15 搜索曲面如图 11.15 所示。

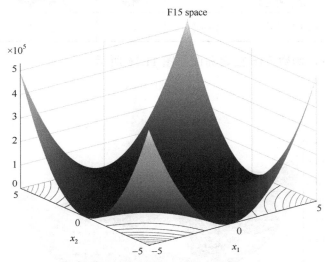

图 11.15　函数 F15 搜索曲面

函数 F15 的 MATLAB 代码如下：

```
function o = F15_Fun(x)
    aK = [0.1957 0.1947 0.1735 0.16 0.0844 0.0627 0.0456 0.0342 0.0323 0.0235
0.0246];
    bK = [0.25 0.5 1 2 4 6 8 10 12 14 16];bK=1./bK;
    o=sum((aK-((x(1).*(bK.^2+x(2).*bK))./(bK.^2+x(3).*bK+x(4)))).^2);
end
```

绘制函数 F15 搜索曲面的 MATLAB 代码如下：

```
%函数 F15 搜索曲面的绘制函数
function F15_FunPlot()
    x = -5:0.1:5;                              %x 的范围为[-5,5]
    y = x;                                     %y 的范围为[-5,5]
    L = length(x);
    for i = 1:L
        for j = 1:L
            f(i,j) = F15_Fun([x(i),y(j),0,0]); %输入区间[x,y]内对应的函数输出值
        end
    end
    surfc(x,y,f,'LineStyle','none');          %绘制搜索曲面
```

```
    title('F15 space')                          %图表名称
    xlabel('x_1');                              %x 轴名称
    ylabel('x_2');                              %y 轴名称
    grid on
end
```

11.2.16 函数 F16

函数 F16 的基本信息如下：

名称	函数表达式	维度	变量范围值	全局最优值
F16	$f_{16}(x) = 4x_1^2 - 2.1x_1^4 + \dfrac{1}{3}x_1^6 + x_1x_2 - 4x_2^2 + 4x_2^4$	2	$[-5,5]$	-1.0316

当维度为二维时，函数 F16 搜索曲面如图 11.16 所示。

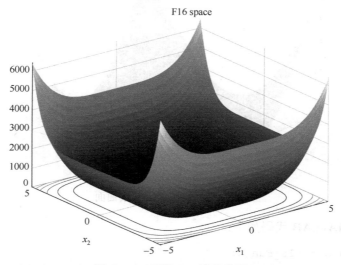

图 11.16 函数 F16 搜索曲面

函数 F16 的 MATLAB 代码如下：

```
function o = F16_Fun(x)
    o = 4*(x(1)^2)-2.1*(x(1)^4)+(x(1)^6)/3+x(1)*x(2)-4*(x(2)^2)+4*(x(2)^4);
end
```

绘制函数 F16 搜索曲面的 MATLAB 代码如下：

```
%函数 F16 搜索曲面的绘制函数
function F16_FunPlot()
    x = -5:0.1:5;                               %x 的范围为[-5,5]
    y = x;                                      %y 的范围为[-5,5]
    L = length(x);
    for i = 1:L
        for j = 1:L
            f(i,j) = F16_Fun([x(i),y(j)]);      %输入区间[x,y]内对应的函数输出值
        end
    end
    surfc(x,y,f,'LineStyle','none');            %绘制搜索曲面
```

```
        title('F16 space')                          %图表名称
        xlabel('x_1');                              %x 轴名称
        ylabel('x_2');                              %y 轴名称
        grid on
    end
```

11.2.17 函数 F17

函数 F17 的基本信息如下：

名称	函数表达式	维度	变量范围值	全局最优值
F17	$f_{17}(x) = (x_2 - \frac{5.1}{4\pi^2}x_1^2 + \frac{5}{\pi}x_1 - 6)^2 + 10(1 - \frac{1}{8\pi})\cos x_1 + 10$	2	[-5,5]	0.398

当维度为二维时，函数 F17 搜索曲面如图 11.17 所示。

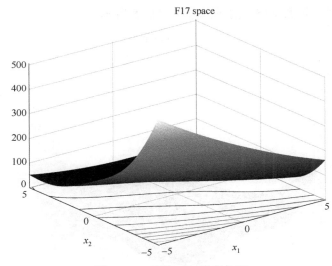

图 11.17　函数 F17 搜索曲面

函数 F17 的 MATLAB 代码如下：

```
function o = F17_Fun(x)
  o = (x(2)-(x(1)^2)*5.1/(4*(pi^2))+5/pi*x(1)-6)^2+10*(1-1/(8*pi))*cos(x(1))+10;
end
```

绘制函数 F17 搜索曲面的 MATLAB 代码如下：

```
%函数 F17 搜索曲面的绘制函数
function F17_FunPlot()
    x = -5:0.1:5;                                   %x 的范围为[-5,5]
    y = x;                                          %y 的范围为[-5,5]
    L = length(x);
    for i = 1:L
        for j = 1:L
            f(i,j) = F17_Fun([x(i),y(j),0,0]);     %输入区间[x,y]内对应的函数输出值
        end
```

```
        end
        surfc(x,y,f,'LineStyle','none');          %绘制搜索曲面
        title('F17 space')                        %图表名称
        xlabel('x_1');                            %x 轴名称
        ylabel('x_2');                            %y 轴名称
        grid on
    end
```

11.2.18 函数 F18

函数 F18 的基本信息如下：

名称	函数表达式	维度	变量范围值	全局最优值
F18	$f_{18}(x)=[1+(x_1+x_2+1)^2(19-14x_1+3x_1^2-14x_2+6x_1x_2+3x_2^2)]\times[30+(2x_1-3x_2)^2\cdot(18-32x_1+12x_1^2+48x_2-36x_1x_2+27x_2^2)]$	2	[−2,2]	3

当维度为二维时，函数 F18 搜索曲面如图 11.18 所示。

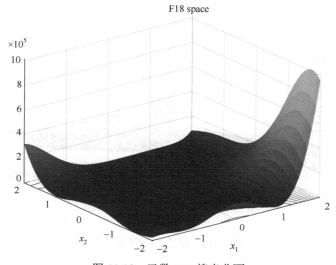

图 11.18　函数 F18 搜索曲面

函数 F18 的 MATLAB 代码如下：

```
function o = F18_Fun(x)
    o = (1+(x(1)+x(2)+1)^2*(19-14*x(1)+3*(x(1)^2)-14*x(2)+6*x(1)*x(2)+3*x(2)^2))*...
        (30+(2*x(1)-3*x(2))^2*(18-32*x(1)+12*(x(1)^2)+48*x(2)-36*x(1)*x(2)+27*(x(2)^2)));
end
```

绘制函数 F18 搜索曲面的 MATLAB 代码如下：

```
%函数 F18 搜索曲面的绘制函数
function F18_FunPlot()
    x = -2:0.1:2;                    %x 的范围为[-2,2]
    y = x;                           %y 的范围为[-2,2]
    L = length(x);
    for i = 1:L
```

```
        for j = 1:L
            f(i,j) = F18_Fun([x(i),y(j)]);        %输入区间[x,y]内对应的函数输出值
        end
    end
    surfc(x,y,f,'LineStyle','none');              %绘制搜索曲面
    title('F18 space')                            %图表名称
    xlabel('x_1');                                %x 轴名称
    ylabel('x_2');                                %y 轴名称
    grid on
end
```

11.2.19 函数 F19

函数 F19 的基本信息如下：

名称	函数表达式	维度	变量范围值	全局最优值
F19	$f_{19}(x) = -\sum_{i=1}^{4} c_i \exp\left(-\sum_{j=1}^{3} a_{ij}(x_j - p_{ij})^2\right)$	3	[0,1]	−3.86

当维度为二维时，函数 F19 搜索曲面如图 11.19 所示。

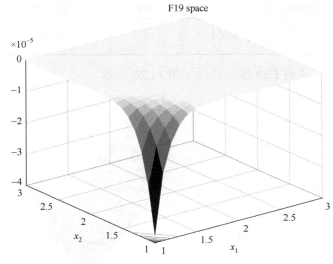

图 11.19　函数 F19 搜索曲面

函数 F19 的 MATLAB 代码如下：

```
function o = F19_Fun(x)
    aH = [3 10 30;.1 10 35;3 10 30;.1 10 35];cH=[1 1.2 3 3.2];
    pH = [.3689 .117 .2673;.4699 .4387 .747;.1091 .8732 .5547;.03815 .5743 .8828];
    o = 0;
    for i = 1:4
        o = o-cH(i)*exp(-(sum(aH(i,:).*((x-pH(i,:)).^2))));
    end
end
```

绘制函数 F19 搜索曲面的 MATLAB 代码如下：

```
%函数 F19 搜索曲面的绘制函数
function F19_FunPlot()
    x = 1:0.1:3;                                    %x 的范围为[1,3]
    y = x;                                          %y 的范围为[1,3]
    L = length(x);
    for i = 1:L
        for j = 1:L
            f(i,j) = F19_Fun([x(i),y(j),0]);        %输入区间[x,y]内对应的函数输出值
        end
    end
    surfc(x,y,f,'LineStyle','none');                %绘制搜索曲面
    title('F19 space')                              %图表名称
    xlabel('x_1');                                  %x 轴名称
    ylabel('x_2');                                  %y 轴名称
    grid on
end
```

11.2.20 函数 F20

函数 F20 的基本信息如下：

名称	函数表达式	维度	变量范围值	全局最优值
F20	$f_{20}(x) = -\sum\limits_{i=1}^{4} c_i \exp\left(-\sum\limits_{j=1}^{6} a_{ij}(x_j - p_{ij})^2 \right)$	6	[0,1]	−3.32

当维度为二维时，函数 F20 搜索曲面如图 11.20 所示。

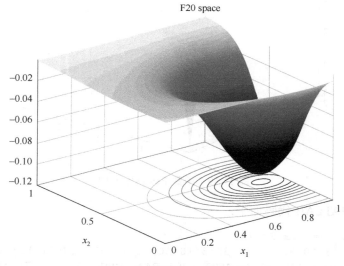

图 11.20　函数 F20 搜索曲面

函数 F20 的 MATLAB 代码如下：

```
function o = F20_Fun(x)
    aH = [10 3 17 3.5 1.7 8;.05 10 17 .1 8 14;3 3.5 1.7 10 17 8;17 8 .05 10 .1 14];
    cH = [1 1.2 3 3.2];
    pH = [.1312 .1696 .5569 .0124 .8283 .5886;.2329 .4135 .8307 .3736 .1004 .9991;...
        .2348 .1415 .3522 .2883 .3047 .6650;.4047 .8828 .8732 .5743 .1091 .0381];
```

```
        O = 0;
        for i = 1:4
            o = o-cH(i)*exp(-(sum(aH(i,:).*((x-pH(i,:)).^2))));
        end
    end
```

绘制函数 F20 搜索曲面的 MATLAB 代码如下：

```
%函数 F20 搜索曲面的绘制函数
function F20_FunPlot()
    x = 0:0.01:1;                        %x 的范围为[0,1]
    y = x;                               %y 的范围为[0,1]
    L = length(x);
    for i = 1:L
        for j = 1:L
            f(i,j) = F20_Fun([x(i),y(j),0,0,0,0]);
                                         %输入区间[x,y]内对应的函数输出值
        end
    end
    surfc(x,y,f,'LineStyle','none');     %绘制搜索曲面
    title('F20 space')                   %图表名称
    xlabel('x_1');                       %x 轴名称
    ylabel('x_2');                       %y 轴名称
    grid on
end
```

11.2.21 函数 F21

函数 F21 的基本信息如下：

名称	函数表达式	维度	变量范围值	全局最优值
F21	$f_{21}(x) = -\sum_{i=1}^{5}[(X-a_i)(X-a_i)^{\mathrm{T}}+c_i]^{-1}$	4	[0,10]	−10.1532

当维度为二维时，函数 F21 搜索曲面如图 11.21 所示。

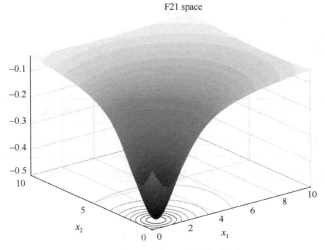

图 11.21　函数 F21 搜索曲面

函数 F21 的 MATLAB 代码如下：

```matlab
function o = F21_Fun(x)
    aSH = [4 4 4 4;1 1 1 1;8 8 8 8;6 6 6 6;3 7 3 7;2 9 2 9;5 5 3 3;8 1 8
1;6 2 6 2;7 3.6 7 3.6];
    cSH = [.1 .2 .2 .4 .4 .6 .3 .7 .5 .5];

    o = 0;
    for i = 1:5
        o = o-((x-aSH(i,:))*(x-aSH(i,:))'+cSH(i))^(-1);
    end
end
```

绘制函数 F21 搜索曲面的 MATLAB 代码如下：

```matlab
%函数 F21 搜索曲面的绘制函数
function F21_FunPlot()
    x = 0:0.1:10;                                    %x 的范围[0,10]
    y = x;                                           %y 的范围[0,10]
    L = length(x);
    for i = 1:L
        for j = 1:L
            f(i,j) = F21_Fun([x(i),y(j),0,0]);       %输入[x,y]内对应的函数输出值
        end
    end
    surfc(x,y,f,'LineStyle','none');                 %绘制搜索曲面
    title('F21 space')                               %图表名称
    xlabel('x_1');                                   %x 轴名称
    ylabel('x_2');                                   %y 轴名称
    grid on
end
```

11.2.22 函数 F22

函数 F22 的基本信息如下：

名称	函数表达式	维度	变量范围值	全局最优值
F22	$f_{22}(x) = -\sum\limits_{i=1}^{7}[(X-a_i)(X-a_i)^{\mathrm{T}}+c_i]^{-1}$	4	[0,10]	−10.4028

当维度为二维时，函数 F22 搜索曲面如图 11.22 所示。

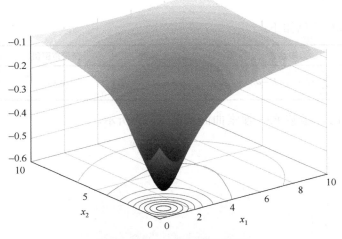

图 11.22 函数 F22 搜索曲面

函数 F22 的 MATLAB 代码如下：

```
function o = F22_Fun(x)
    aSH = [4 4 4 4;1 1 1 1;8 8 8 8;6 6 6 6;3 7 3 7;2 9 2 9;5 5 3 3;8 1 8
1;6 2 6 2;7 3.6 7 3.6];
    cSH = [.1 .2 .2 .4 .4 .6 .3 .7 .5 .5];

    o = 0;
    for i = 1:7
        o = o-((x-aSH(i,:))*(x-aSH(i,:))'+cSH(i))^(-1);
    end
end
```

绘制函数 F22 搜索曲面的 MATLAB 代码如下：

```
%函数 F22 搜索曲面的绘制函数
function F22_FunPlot()
    x = 0:0.1:10;                          %x 的范围为[0,10]
    y = x;                                 %y 的范围为[0,10]
    L = length(x);
    for i = 1:L
        for j = 1:L
            f(i,j) = F22_Fun([x(i),y(j),0,0]);  %输入区间[x,y]内对应的函数输出值
        end
    end
    surfc(x,y,f,'LineStyle','none');       %绘制搜索曲面
    title('F22 space')                     %图表名称
    xlabel('x_1');                         %x 轴名称
    ylabel('x_2');                         %y 轴名称
    grid on
end
```

11.2.23 函数 F23

函数 F23 的基本信息如下：

名称	函数表达式	维度	变量范围值	全局最优值
F23	$f_{23}(x) = -\sum\limits_{i=1}^{10}[(X-a_i)(X-a_i)^T + c_i]^{-1}$	4	[0,10]	−10.5363

当维度为二维时，函数 F23 搜索曲面如图 11.23 所示。

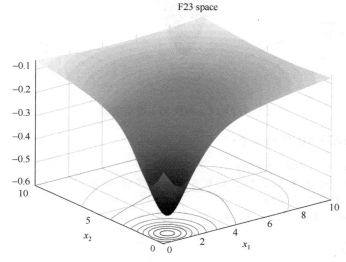

图 11.23 函数 F23 搜索曲面

函数 F23 的 MATLAB 代码如下：

```
function o = F23_Fun(x)
    aSH = [4 4 4 4;1 1 1 1;8 8 8 8;6 6 6 6;3 7 3 7;2 9 2 9;5 5 3 3;8 1 8
1;6 2 6 2;7 3.6 7 3.6];
    cSH = [.1 .2 .2 .4 .4 .6 .3 .7 .5 .5];

    o = 0;
    for i = 1:10
        o = o-((x-aSH(i,:))*(x-aSH(i,:))'+cSH(i))^(-1);
    end
end
```

绘制函数 F23 搜索曲面 MATLAB 代码如下：

```
%函数 F23 搜索曲面的绘制函数
function F23_FunPlot()
    x = 0:0.1:10;          %x 的范围为[0,10]
    y = x;                 %y 的范围为[0,10]
    L = length(x);
```

```
    for i = 1:L
        for j = 1:L
            f(i,j) = F22_Fun([x(i),y(j),0,0]);   %输入区间[x,y]内对应的函数输出值
        end
    end
    surfc(x,y,f,'LineStyle','none');         %绘制搜索曲面
    title('F23 space')                       %图表名称
    xlabel('x_1');                           %x 轴名称
    ylabel('x_2');                           %y 轴名称
    grid on
end
```

第12章 智能优化算法性能测试

12.1 智能优化算法性能测试方法

由于智能优化算法涉及随机数，因此对于同一个问题，利用相同的算法优化几次的结果会略有不同，因此一般在评价智能优化算法的结果时，并不是只取算法得到的一次优化结果来作为评价，通常是取很多次的优化结果来综合评价算法的性能。一般而言，对于算法定量的评价，采用多次结果的平均值、标准差、最优值、最差值来进行评价。同时，为了直观地观察不同算法对同一问题的寻优过程，也通过绘制收敛曲线来进行对比。

12.1.1 平均值

平均值是表示一组数据集中趋势的量数，是指在一组数据中所有数据之和再除以这组数据的个数，它是反映数据集中趋势的一项指标，其数学表达式为

$$\text{mean}X = \frac{\sum_{n=1}^{N} x_n}{N} \tag{12.1}$$

其中，N 表示数据的个数，$\text{mean}X$ 表示数据的平均值。例如，对于某个优化目标函数，该目标的最优解为 0。利用算法一和算法二两种算法对该目标函数进行寻优。在进行多次实验后，算法一最优解的平均值为 0.1，算法二最优解的平均值为 0.2。该结果说明算法一整体结果更加接近我们的最优解 0，说明算法一的寻优精确度更高。

12.1.2 标准差

标准差（Standard Deviation）是指离均差平方的算术平均数。标准差也称为标准偏差或者实验标准差。在概率统计中，最常将标准差作为统计分布程度上的测量依据。标准差能反映一个数据集的离散程度。对于平均数相同的两组数据，其标准差未必相同。标准差的数学表达式为

$$\sigma = \sqrt{\frac{\sum_{i=1}^{n} (x_i - \bar{x})^2}{n}} \tag{12.2}$$

其中，n 表示数据的个数，$\bar{x}$ 表示数据的平均值。标准差越小表明数据越聚集，重复性越好。标准差越大，表明数据越发散，重复性越低。如图 12.1 所示，两组数据 A 与 B 的均值均为 0。

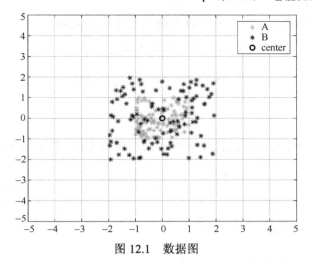

图 12.1　数据图

从图 12.1 可以看到，虽然 A 与 B 两组数据的平均值均靠近(0,0)，但是 B 组数据相比 A 组数据明显更加发散。A 与 B 组两组数据的标准差分别为 0.5823 与 1.1717。从标准数据上来看，B 组数据的标准差明显更大。因此通过标准差能够反映数据的聚集程度，反映到优化算法的结果中来看，就是优化算法最优结果的聚集程度。

上述标准差 MATLAB 示例程序如下：

```matlab
%产生两组数据 A 与 B
A = 2.*rand([100,2]) - 1;
B = 2.*(2.*rand([100,2])-1);
%绘图
figure
plot(A(:,1),A(:,2),'g*');
hold on
plot(B(:,1),B(:,2),'b*');
plot(0,0,'ro','linewidth',1.5)
legend('A','B','center')
axis([-5 5,-5,5])
grid on
%计算标准差
std(A(:))
std(B(:))
```

12.1.3　最优值和最差值

多次试验的最优值和最差值反映了算法的极限最优性能和极限最差性能，若两种算法运行相同的次数，并且某种算法的最优值相比另外一种算法更优，则表明在相同条件下，该算法能够找到更优解。

（1）在寻找极小值的问题中，最优值和最差值定义分别为

$$\text{BestValue}=\min\{x_1, x_2, \cdots, x_n\} \tag{12.3}$$

$$\text{WorstValue}=\max\{x_1, x_2, \cdots, x_n\} \tag{12.4}$$

（2）在寻找极大值的问题中，最优值和最差值分别定义为

$$BestValue = \max\{x_1, x_2, \cdots, x_n\} \qquad (12.5)$$

$$WorstValue = \min\{x_1, x_2, \cdots, x_n\} \qquad (12.6)$$

12.1.4 收敛曲线

绘制收敛曲线是一个对比智能优化算法非常直观的方法。算法 A 和算法 B 的收敛曲线如图 12.2 所示。

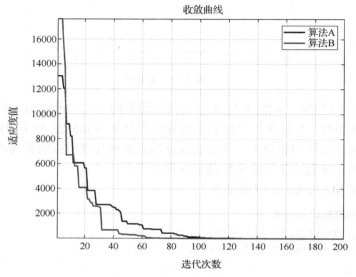

图 12.2 算法 A 和算法 B 的收敛曲线

在本例中，最优适应度值为 0。从图 12.2 中可以看到，算法 B 下降得更快，相比算法 A，算法 B 更快达到最优值 0。表明在本例中算法 B 的收敛速度更快，寻优能力更强。

12.2 测 试 案 例

本节将选用第 11 章描述的基准测试函数，选取 5 种算法进行对比测试，帮助读者理解和学会优化算法的测试方法。

12.2.1 测试函数信息

本测试选取基准测试函数 F1～F8 作为测试函数，测试函数内容如表 12.1 所示。

表 12.1 测试函数 F1～F8

名称	函数表达式	维度	变量范围值	全局最优值
F1	$f_1(x) = \sum_{i=1}^{n} x_i^2$	30	[−100,100]	0
F2	$f_2(x) = \sum_{i=1}^{n} |x_i| + \prod_{i=1}^{n} |x_i|$	30	[−10,10]	0

续表

名称	函数表达式	维度	变量范围值	全局最优值
F3	$f_3(x) = \sum_{i=1}^{n}\left(\sum_{j-1}^{i} x_j\right)^2$	30	[-100,100]	0
F4	$f_4(x) = \max_i\{\mid x_i \mid, 1 \leqslant i \leqslant n\}$	30	[-10,10]	0
F5	$f_5(x) = \sum_{i=1}^{n-1}[100(x_{i+1} - x_i^2)^2 + (x_i - 1)^2]$	30	[-30,30]	0
F6	$f_6(x) = \sum_{i=1}^{n}[x_i + 0.5]^2$	30	[-100,100]	0
F7	$f_7(x) = \sum_{i=1}^{n} i x_i^4 + \text{random}[0,1)$	30	[-1.28,1.28]	0
F8	$f_8(x) = \sum_{i=1}^{n} -x_i \sin(\sqrt{\mid x_i \mid})$	30	[-500,500]	-418.9829×30

12.2.2　测试方法及参数设置

本测试分别选取粒子群优化算法（PSO）、风驱动优化算法（WDO）、灰狼优化算法（GWO）、正余弦优化算法（SCA）、树种优化算法（TSA）进行测试。每个测试函数均运行 30 次，然后统计结果，对比各种算法的性能。各算法的参数设置如表 12.2 所示。

表 12.2　各算法的参数设置

算法	参数设置
PSO	种群数量 pop = 50，最大迭代次数为 500，速度范围为[-2,2]
WDO	种群数量 pop = 50，最大迭代次数为 500
GWO	种群数量 pop = 50，最大迭代次数为 500
SCA	种群数量 pop = 50，最大迭代次数为 500
TSA	种群数量 pop = 50，最大迭代次数为 500

从表 12.2 可以看出，为了保证算法相对公平，各算法的种群数量和最大迭代次数均相同。

12.2.3　测试结果

对函数 F1～F8 的测试结果如表 12.3 所示。

表 12.3　F1～F8 的测试结果

名称	算法名称	平均适应度值	标准差	最优值	最差值
F1	PSO	14.87481101	1.459108225	11.20697418	17.92194863
	WDO	1.49E-18	3.71E-18	5.38E-21	1.96E-17
	GWO	2.70E-33	3.62E-33	1.83E-35	1.51E-32
	SCA	5.207626472	12.58165739	0.003438076	63.32997495
	TSA	1.54E-12	8.83E-13	4.59E-13	3.78E-12

名称	算法名称	平均适应度值	标准差	最优值	最差值
F2	PSO	15.91226243	0.944868327	14.19908617	17.77782119
	WDO	4.56E–10	7.18E–10	5.38E–13	2.88E–09
	GWO	7.02E–20	6.26E–20	6.06E–21	3.11E–19
	SCA	0.008155345	0.009555718	4.06E–05	0.038430396
	TSA	6.15E–10	2.19E–10	3.14E–10	1.30E–09
F3	PSO	68.17452595	11.54423854	42.29517055	89.20694849
	WDO	6.59E–14	3.14E–13	4.11E–18	1.73E–12
	GWO	6.57E–08	1.43E–07	2.09E–11	7.04E–07
	SCA	6686.185709	3654.444517	1586.170337	14033.69044
	TSA	16208.39672	2848.922749	11488.28049	23405.42691
F4	PSO	1.546587097	0.095898457	1.306308453	1.71396364
	WDO	1.37E–09	1.68E–09	1.41E–11	7.10E–09
	GWO	1.83E–08	1.53E–08	1.61E–09	6.49E–08
	SCA	23.2018817	9.639175574	9.736527467	39.64560262
	TSA	20.01783589	3.632099358	12.54971687	26.80173423
F5	PSO	3196.460266	990.3178266	1663.230191	5203.944821
	WDO	28.65049445	0.032007823	28.54732567	28.68914324
	GWO	26.57668631	0.718271906	25.41002497	27.92317626
	SCA	6999.673237	12053.92278	71.79485757	50138.32869
	TSA	27.15944092	3.583332593	24.72079354	45.57311396
F6	PSO	15.26226941	1.98845218	10.70485901	18.11726757
	WDO	0.067555948	0.030336267	0.015747164	0.139311506
	GWO	0.46374277	0.324343421	2.05E–05	1.008225283
	SCA	7.748240197	3.735326807	4.290922725	17.86135179
	TSA	1.52E–12	7.21E–13	3.66E–13	2.98E–12
F7	PSO	265.1692671	63.70180757	162.3932636	417.7936368
	WDO	0.000240232	0.000185879	2.46E–05	0.000711287
	GWO	0.001305049	0.000597465	0.000237376	0.00262354
	SCA	46895.35707	74157.61203	5.236854281	288938.3402
	TSA	0.053327301	0.013980552	0.033422398	0.081989517
F8	PSO	–1187.601719	146.9245876	–1521.696859	–946.3098091
	WDO	–1090.531153	103.4172921	–1299.309941	–909.93499
	GWO	–1237.199209	84.83667378	–1485.239037	–1079.287948
	SCA	–934.3730631	72.7224367	–1115.566481	–787.7805708
	TSA	–1469.116265	79.6563191	–1656.102902	–1332.075863

各算法的平均收敛曲线图如图 12.3 所示。

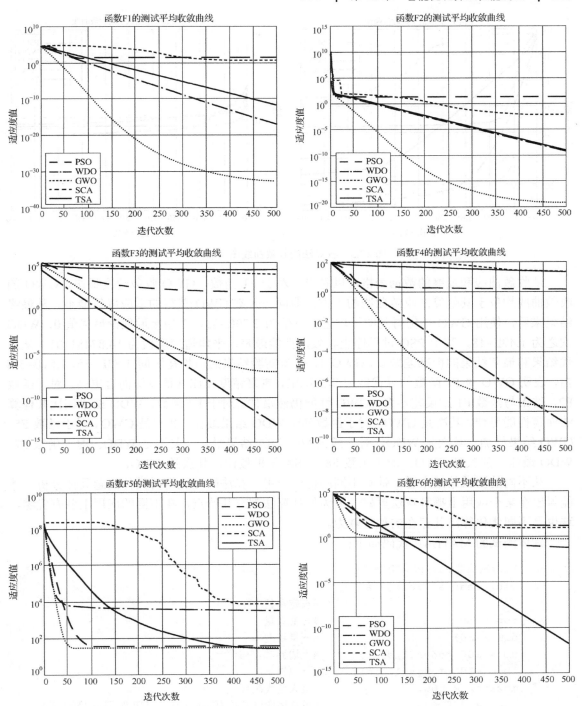

图 12.3 各算法的平均收敛曲线图

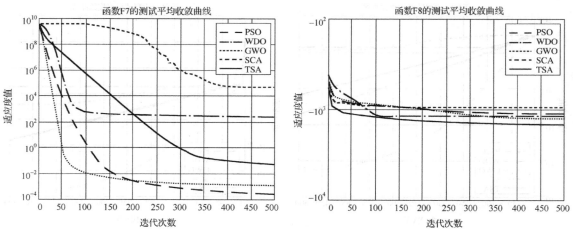

图 12.3 各算法的收敛曲线图（续）

从收敛曲线和最终的数据表格可以看出，对于 F1 函数，GWO 收敛速度最快，GWO 的收敛曲线均位于其他算法收敛曲线的下方，即同一时刻 GWO 获得的适应度值最小。从最终结果来看，使用 GWO 寻优得到的平均适应度值为 2.70E–33，更加接近理论最优值 0，WDO 次之为 1.49E–18，其中 PSO 过早停止收敛，性能最差，平均适应度值为 14.87481101。从最优结果和最差结果的标准差来看，GWO 的 30 次实验结果的值均在区间[1.83E–35，1.51E–32]内，表明 GWO 对 F1 函数的寻优能力非常稳定，重复精度相比其他算法而言更高。对于函数 F2，结果与函数 F1 结果差不多，GWO 性能仍然最佳。对于 F3 函数，WDO 结果相比其他算法而言性能更佳，其次是 GWO。对于函数 F4，WDO 结果最佳，其次是 GWO。对于函数 F5，GWO 结果最加，其次是 WDO。对于函数 F6，TSA 结果最佳，其次是 WDO。对于函数 F7，WDO 最佳，其次是 GWO。对于函数 F8，TSA 结果最佳，其次是 GWO。

从不同的测试结果来看，针对不同的优化应用，算法的性能需要具体问题具体分析，才能得出在某个应用上哪种算法更好。因为每种算法都有其特点，在不同的应用上各有优劣，这也是不同优化算法其存在的独特魅力。

具体测试的 MATLAB 代码如下：

```
%%测试函数 F1～F8，算法对比
clc;clear all;close all;
                            %设定参数
pop = 50;                   %种群数量
dim = 30;                   %变量维度
ub = 100.*ones(1,dim);      %上边界
lb = -100.*ones(1,dim);     %下边界
maxIter = 500;              %最大迭代次数
fobj = @F8_Fun;             %设置适应度函数为 fun(x)，可切换不同的测试函数

%% 粒子群优化算法
vmax = 2.*ones(1,dim);
vmin = -2.*ones(1,dim);
for i = 1:30
    disp(['第',num2str(i),'次实验']);
```

```matlab
%% PSO
[Best_Pos1,Best_fitness1,IterCurve1]=pso(pop,dim,ub,lb,fobj,vmax,vmin,maxIter);
%% WDO
[Best_Pos2,Best_fitness2,IterCurve2] = WDO(pop,dim,ub,lb,fobj,maxIter);
%% GWO
[Best_Pos3,Best_fitness3,IterCurve3] = GWO(pop,dim,ub,lb,fobj,maxIter);
%% SCA
[Best_Pos4,Best_fitness4,IterCurve4] = SCA(pop,dim,ub,lb,fobj,maxIter);
%% TSA
[Best_Pos5,Best_fitness5,IterCurve5] = TSA(pop,dim,ub,lb,fobj,maxIter);
%记录每次实验的最优值
AllBest1(i) = Best_fitness1;
AllBest2(i) = Best_fitness2;
AllBest3(i) = Best_fitness3;
AllBest4(i) = Best_fitness4;
AllBest5(i) = Best_fitness5;


%记录每次实验的收敛曲线
Curve1(i,:) = IterCurve1;
Curve2(i,:) = IterCurve2;
Curve3(i,:) = IterCurve3;
Curve4(i,:) = IterCurve4;
Curve5(i,:) = IterCurve5;


end
%% 数据分析
% PSO 30 次实验的平均值、标准差、最优值、最差值
PSOmean = mean(AllBest1);
PSOStd = std(AllBest1);
PSObest = min(AllBest1);
PSOWorst = max(AllBest1);
PSOResults = [PSOmean,PSOStd,PSObest,PSOWorst]

% WDO 30 次实验的平均值、标准差、最优值、最差值
WDOmean = mean(AllBest2);
WDOStd = std(AllBest2);
WDObest = min(AllBest2);
WDOWorst = max(AllBest2);
WDOResults = [WDOmean,WDOStd,WDObest,WDOWorst]

% GWO 30 次实验的平均值、标准差、最优值、最差值
GWOmean = mean(AllBest3);
GWOStd = std(AllBest3);
GWObest = min(AllBest3);
GWOWorst = max(AllBest3);
GWOResults = [GWOmean,GWOStd,GWObest,GWOWorst]
```

```matlab
% SCA 30 次实验的平均值、标准差、最优值、最差值
SCAmean = mean(AllBest4);
SCAStd = std(AllBest4);
SCAbest = min(AllBest4);
SCAWorst = max(AllBest4);
SCAResults = [SCAmean,SCAStd,SCAbest,SCAWorst]

% TSA 30 次实验的平均值、标准差、最优值、最差值
TSAmean = mean(AllBest5);
TSAStd = std(AllBest5);
TSAbest = min(AllBest5);
TSAWorst = max(AllBest5);
TSAResults = [TSAmean,TSAStd,TSAbest,TSAWorst]

%% 30 次的平均收敛曲线
meanCurve1 = mean(Curve1);
meanCurve2 = mean(Curve2);
meanCurve3 = mean(Curve3);
meanCurve4 = mean(Curve4);
meanCurve5 = mean(Curve5);
figure
semilogy(meanCurve1,'Color','r','linewidth',1.5)
hold on
semilogy(meanCurve2,'Color','y','linewidth',1.5)
semilogy(meanCurve3,'Color','g','linewidth',1.5)
semilogy(meanCurve4,'Color','b','linewidth',1.5)
semilogy(meanCurve5,'Color','black','linewidth',1.5)
legend('PSO','WDO','GWO','SCA','TSA')
hold off
grid on;
xlabel('迭代次数')
ylabel('适应度值')
title('函数 F8 的测试平均收敛曲线')
ALLR = [PSOResults;WDOResults;GWOResults;SCAResults;TSAResults];
```